开启人工智能之门

——运用 Excel 体验学 AI

原书第 2 版

［日］浅井登（淺井登） 著

普 磊 译

机械工业出版社

本书分 12 章介绍了支撑人工智能各领域的基础知识，包括神经网络、模糊控制、遗传算法、问题解决、搜索算法、游戏算法、机器学习、知识表示、专家系统和智能体等，并通过模拟方式对人工智能的基本思路进行了阐述，同时还讲解了目前应用于人工智能编程的 Lisp 和 Prolog 语言。书中涵盖的技术已经得到实际运用，其作为人工智能研究的基础，对读者理解人工智能极其重要。

本书共 12 章，各章内容相互独立，可不分先后顺序阅读。其中，第 2 章~第 10 章均通过 Excel 的示例程序对书中介绍的各种技术进行了模拟体验。本书能使读者实际体验 AI 技术，感受其效果，从而在一定程度上了解人工智能的原理。

书中涵盖的各种理论浅显易懂，适合人工智能入门人员阅读。对于工作当中需要接触人工智能的科技工作者、计划在人工智能领域发展的学生来说，值得一读。

前言

对当下广受关注的人工智能怀有期待及恐惧的读者们，本书试图通过模拟体验人工智能的效果，让你们理解"人工智能的本质是什么?"。

说到人工智能，大家是不是会浮想联翩？人工智能也许会替我们去做复杂的调查或思考等。也许过不了几年，人类的行动、社会生活的决定权都会被人工智能取代，人类甚至没有自己思考的余地？或者具备人工智能的机器人征服了人类，人类沦落为机器的奴隶？

恐怕不止于此，人工智能是指强化人类智力活动的一部分，突破人类脑活动极限的方法。人类的能力毕竟是有限的，比如记忆量、准确性、快速判断等方面就能依靠人工智能的辅助。但是，并不是人类的所有智力活动都可以被人工智能取代。

虽说是人工智能，但实际上仍然是依靠计算机软件（或硬件及网络），基础技术依托比较单纯的架构。只不过，普通的程序只能写入，人工智能的软件会运用学习、联想、模糊性等技术，执行内容可能超出写入程序的范围。或许，这就是让人们觉得人工智能能够超越人类智力活动的原因？

目前，人工智能的相关技术信息及理论信息大量涌现，但涉及人工智能基础知识的信息极少。就像电磁铁可以教会人们电动机的原理，或者矿石收音机让人们相信无线电波的存在一样，通过理解人工智能的入门知识，可以逐渐看清人工智能的本质。人工智能不会是脱缰的野马，通过技术层面可以阐明研究者的意图、人们的希望及不安。

本书提出了人工智能的几种技术（人工智能的入门），通过模拟方式对其基本思路进行了解析。这些技术已经得到实际运用，但与目前的新研究课题相互关联，它们作为人工智能研究的基础，对理解人工智能来说极其重要。

本书为人工智能的入门书，适合学生和对人工智能感兴趣的读者阅读。书中各章内容独立，可不分先后顺序阅读。并且，可通过操作简单的 Excel 文件实际感受各种技术的效果。但是，Excel 并不是真实的人工智能软件，只是可借其在一定程度上了解人工智能的原理。

最后两章对目前应用于人工智能编程中的 Lisp 和 Prolog 有所说明。由于读者很少有机会学习这些编程语言的存在意义，所以文中主要对其他书籍中很少涉及的理论背景进行了阐述。编程的具体技术，请参考其他相关书籍。

希望本书对人工智能的研究有所帮助，同时能让读者实际感受软件的构成技术。并且，作为辅助人类智力活动的技术，希望读者能够对人工智能感兴趣。

撰写本书时，青木悠祐老师（沼津高专讲师）、牛丸真司老师（沼津高专讲师）、长泽正氏老师在繁忙的教学任务中抽出宝贵时间提供了许多帮助。在此，向他们表示诚挚谢意。

2016 年 3 月　作者

本书的阅读方法

本书第 1 章从社会层面及研究趋势方面思考了人工智能的相关状况。第 2 章之后，对支撑人工智能的各种技术进行说明。第 2~10 章通过 Excel 的示例程序对各种技术进行模拟。首先试着动手实际感受，之后可在详细阅读内容的同时自己实际模拟，加深理解。

书中各章内容相互独立，如有特别感兴趣的领域、看似有趣的模拟等，可不按顺序阅读。

本书出现的人工智能示例程序可通过以下网页免费下载。"初识人工智能"示例程序下载网页的网址为 http://www.shoeisha.co.jp/book/download/9784798159201。下载文件名如本书各章的模拟示例所示。

文件使用的注意事项：

本书所有文件均通过 Microsoft Excel 程序制作。由于安全设定，部分文件可能无法正确启动。使用之前，通过 Excel 的选项，确认宏是否关闭。并且，确认各程序在 Windows10/8.1/7 系统下运行。如果使用 Mac OS 等其他系统，不保证能够正常运行。

下载文件的著作权归作者及翔泳社所有。未经许可，不得传播或转载至网络。

目 录

第1章

人工智能充满梦想

1.1 人工智能会超越人类?

人工智能翻译成英文就是"Artificial Intelligence"。"Artificial"通常翻译成"人工的","Intelligence"是指"智力",即人工创造的智力。但从词语层面来说,感觉不是那么平易近人。但是,"Artificial"并不仅限于创造,实际还有更广泛的含义。或者可以说,人工智能是指人工再现生物(特别是人类)的智力。

如此一想,从计算机最早被开发出来的历史来看,是为了解决人类智力在速度、规模、准确度等方面受到限制的问题。所以,研究者努力开发硬件或软件的行为都属于人工智能研究。人工智能研究确实奇妙,研究成果一旦成熟,即使人工智能也能成为独立的研究领域。因此,人工智能并不是特定的研究领域,而是更好地利用计算机的所有研究的总称。包括未来可能出现的技术在内,通过计算机实现更有效利用人类智力活动的梦想无边无垠。

虽说如此,目前民间仍然对人工智能有一些极端误解。比如说,人工智能即将超越人类,人类将失去存在的价值,甚至被奴役。2015年初,观看过NHK播放的《NEXT WORLD 我们的未来》的许多观众,或许会对未来世界通过人工智能决定人类行为模式的

1

剧情感到恐惧。人工智能极度发达之后，超过人类能力只是时间问题。但是，这种局面真的会出现吗？

民间最极端的说法就是人工创造人脑（这是人工大脑，并非人工智能），这无非会造成极其恐怖的情况。但是，相信这种事情不会发生。为了解除类似误解，可以关注一下人工智能相关的社会舆论、研究方向。

1.1.1　哈尔抛出的问题（电影《2001 太空漫步》）

《2001 太空漫步》是亚瑟·克拉克[⊖]小说改编，斯坦利·库布里克[⊖]指导的经典科幻电影，于 1968 年上映。电影中出现的宇宙飞船计算机"哈尔 9000 型计算机"就是人工智能的综合体。电影中，出现了许多人工智能技术。例如，语音识别、人机对话、国际象棋、健康管理、读唇术[⊜]、自主意识等。不仅有宇宙飞船的控制技术，还有许多人性化描写。特别是针对"哈尔有感情吗?"这样的质问，乘务员回答："行为举止让人感觉有感情，所以人类往往会忘记这是机器。"

⊖　亚瑟·克拉克（1917—2008），英国科幻作家。卫星通信、太空电梯等具有科学依据的太空主题作品较多。

⊖　斯坦利·库布里克（1928—1999），美国/英国的电影导演。作品主题主要包括科幻、大制作电影、心理电影等，作风独特的完美主义者。2001 年上映的电影《人工智能》原本计划由他执导。此外，甚至传闻阿波罗 11 号登陆月球是他在摄影棚里利用特效拍摄出来的。

⊜　读唇术是指观察嘴唇的运动，读解对方在说什么。当然，这在人类社会是已经实现的。笔者也曾亲眼见过一位耳朵听不见的人通过读解陪同人员的嘴唇与其他人对话的场面。当然，即使会读唇术，除了熟悉的陪同人员以外，其他人的嘴唇运动很难读取，将英语读解成中文更是难上加难。计算机应用读唇术的电影场面，可以说是图像识别和自然语音处理的极致。

2001 年初的日本人工智能学会期刊中，日本知名的研究者以"HAL's Legacy（哈尔就是遗产）"为课题，从各种观点对哈尔的人工智能进行了科学评价○。评价内容包括哈尔的感情及常识，哈尔的社会性，哈尔作为机器人的立场等。其次，正因为哈尔下国际象棋也不是总能战胜人类，偶尔也会输得"巧妙"，所以得出完美无缺的结论。

电影中，哈尔由于自主意识而反叛人类，好比人工智能奴役人类。通常情况下与人类保持和谐关系的人工智能，根据状况也会与人类敌对。电影中的人类通过更高度的智慧，使哈尔失效之后取得胜利。但是，如果真出现电影中的情节（机器人反叛人类），或许人类毫无还手之力。电影中，即使计算机技术高度发达，但人类拥有灵活性及智慧，懂得临机应变。所以，肉身的人类通过在宇宙空间内起死回生的特殊技能，轻松战胜了哈尔。

电影上映之初正值美国执行阿波罗计划时期，1969 年阿波罗 11 号登陆月球表面，也表明了这部电影的预见性。电影中也有登月的场景，但不是从地球直接登月，而是经由宇宙空间站。科学且合理，想必从当时考虑在 30 年后能够实现。对于宇宙空间站的场景，即便不是科幻迷也会被其吸引。那么，现实情况又是如何？至今仍然停留在国际空间站阶段（无中转功能）。

单纯从技术层面考虑，难以相信尚未实现，或许还存在技术层面以外的因素。于是，出现了很现实的疑问，今后计算机技术是否会达到哈尔的人工智能水平？

1.1.2　计算机日本将棋

计算机日本将棋，这是我们听到较多的人工智能之一。近年

○ 参见 2001，6（1）的人工智能学会期刊。

来，计算机战胜专业棋手的新闻并不少见。2016 年初，面对棋子数量多的围棋，计算机也战胜了专业棋手。而且，日本将棋基本已经呈现计算机一面倒的胜利常态。既然下日本将棋已经无法战胜计算机，是不是今后让计算机下棋就行，人类没有参与的意义呢？当然，并非如此。日本将棋技艺的优劣不在于熟背多少棋谱，而是日本将棋大师形成的特有棋风。计算机下棋并不考虑棋风或棋理，而是分析具体局面，从过去庞大的棋谱数据库中分析选出胜率最高的棋招。拥有如何下棋就能胜利的数据，仅此而已。当然，根据软件设计方法，棋招的选择方式也会有所差异。所以，这或许是一种个性差异，但是不是棋风呢？

计算机日本将棋大会从 1990 年开始，至今已举办 25 次。与人类对局的日本将棋电王战从 2012 年开始，自米长棋圣败北之后，人类持续连败。2015 年的第 4 次大会，人类以 3 胜 2 负的成绩第一次取得胜利。这次胜利基于人类对计算机日本将棋的研究，在事先准备的前提下获得这样的结果，仍然对计算机表示敬意。但是，我们的对手其实是过去的无数位大师（棋谱），而不是计算机。明刀明枪赢不了，那就采用奇谋妙计。或许，这才是日本将棋应有的姿态。

从 2016 年开始，日本将棋电王战也从人机对局转变为协同方式。也就是让计算机显示下一步的棋招，人类从中（或以此为参考）决定棋招的形式。

人类使用常规机器时，麻烦的工作让机器处理，人类只进行重点工作，这是理所当然的分工方式。但是，日本将棋采用这种方式的意义何在？

计算机日本将棋本身，也是一项非常有意义的活动。即使人类和计算机的下棋方式不同，但比人类明显强这一点就能证明人工智能技术的成果。但是，将下将棋活动完全交由计算机并没有任何意义。胜利次数再多，也与棋风没有丝毫关系。人机对局也是如此，人类坚信自己的棋风并通过思考下棋难道是错的？

"塞翁失马，焉知非福"这句古谚语是指看似没有关系的事件之间强加关系。但是，剥离了事件之间的原理，仍然没有意义。正因为掌握原理的每个阶段，才能分清结论的真假，这就是科学思考。不明就里，直接追求结果的方式存在弊端。话说回来，日本将棋不仅需要重视原理（棋理），还需要直觉。

总而言之，计算机无论变得多强，下日本将棋的还是人。不仅限于日本将棋，即使机器再先进也要人的手脚控制，机械打字普及却仍然有人练字。不仅如此，除了兴趣及文化层面的原因之外，还与人类修养紧密相关。

1.1.3　生活中常见的人工智能

即便不是哈尔或计算机日本将棋等超级计算机，我们生活中也能接触许多计算机。而且，还有许多搭载人工智能的家电产品。能够实现以前柴灶煮饭口感的电饭煲，根据衣服种类改变洗涤方式的洗衣机，自动保持房间温度的空调，根据人类活动自动调节灯光的电灯，躲避障碍物自动清洁的扫地机器人等，可以说是不胜枚举。

当然，其中最常用的就是智能手机。十几年前手机才得以普及，之后被植入各种功能，直至今日已成为生活中不可或缺的工具。聊天、上网、导航、游戏等应用程序，以及家用电器的远程控制等，真是让人片刻离不开手。

提到智能手机的人工智能，可举出以下功能：

1）语音助手：向手机提出问题，随即便能得到答案。技术较为成熟的包括苹果手机的 Siri、安卓手机的 Google Now、微软手机的 Cortana 等，且目前仍然在不断升级。夏普手机的 Emopa 还能改变声音特点，让人感到温馨。

2）翻译：谷歌翻译可将手机摄像头拍摄的法语实时翻译为英语。

3）图像处理：对于手机拍摄的照片，可自由变形或加入字母。感觉如同进入梦幻般的世界（见图 1-1）。

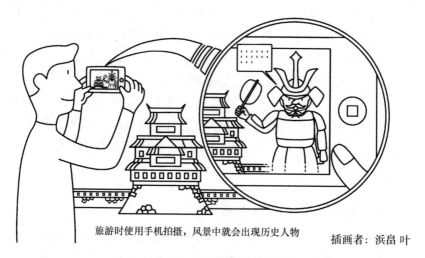

旅游时使用手机拍摄，风景中就会出现历史人物　　　　插画者：浜畠 叶

图 1-1　手机的图像处理

今后，基于云[⊖]的服务，如咨询、调度、状况预测等服务急速发展，或许人类做出任何行动之前都要询问手机。其次，随着这些技术的发展，硬件方面也会相应提升。到那时，即使对方是外国人也能通过同声传译进行对话，或者手机画面能够放大并浮现在眼前的空中（三维立体）。

智能手机是由人操作的工具。但是，现在的家电全部内置计算机芯片，其系统已经发展成即使被人操作之后，也能自行调节维持

⊖ 云是指借助互联网（是其在云中）连接至庞大的数据中心，实现大规模处理。也有通过身边计算机进行所有处理的脱机（Standalone）型，或者身边计算机只需输入及输出，实际处理由工作站实施的服务器（Server）型。云是一种兼具两者长处的处理形态。与服务器型不同，不需要连接特定的服务器委托处理等烦琐操作，只需连上网络就能通过身边的设备（计算机等）扩展使用。

最佳状态。例如，根据生活习惯自动加热洗澡水，还有照明、空调等也能估算人从客厅移动至卧室的时间，实施自动调节。此外，扫地机器人在房间内自主跑动，其实不仅在扫地，还会记忆室内的环境。为了使在此生活的人过得更加舒适，与其他电器协同提供服务。

这种系统就是物联网[⊖]。基本思路是将所有物品接入互联网，并相互交换信息。不仅限于物理网络，还具有物与物之间理论联系的含义。所有物品进行信息交换所产生的数据量变得无比庞大，掌握数据关联性及定义的各种人工智能技术必不可少。

1.1.4　用户界面

近年来，计算机的用户界面[⊜]飞速发展。除了通过语音识别正常说话就能同步录入计算机，计算机还能模拟合成人的声音进行应

⊖ 物联网（Internet of Things，IoT）：不经过人类，所有物品自主交换信息的系统。近年来，由于 IBM 及英特尔等公司广泛提倡，物联网已成为计算机技术交流会的热词。物联网这个词在 2000 年就已出现，随着通信技术的发展，其形式得以升级改变。在日本，2000 年之后由总务省主导的 e-japan 启动，之后升级为 u-japan（ubiquitous），人与物的网络社会得以稳步发展。当时，重点放在创造有利环境，使任何人在任何地点都能享受到网络社会的恩惠。其次，考虑到配合 IPv6（128 位 IP 地址），在许多物品（设备）中植入 IC 芯片，以便进行信息处理。例如，以往展销会中在每个土豆表面贴上 IC 芯片，芯片中记录着从产地到消费者手上的流通路径。但是，依托如今的物联网，即使没有在芯片中记录信息，也能将数据存储于互联网上。2016 年 1 月，在美国拉斯维加斯举办的国际消费类电子产品展览会（CES）中物联网已成为常识，各种通信终端均有展示相关技术，不仅限于家电。首次发表主题演讲的 IBM 公司将自家计算机 Watson 定义为物联网的核心，英特尔公司也发布了可嵌入家电及通信终端内的超微型计算机。今后，使用物联网技术的发布展示仍将受到热捧。

⊜ 用户界面（User Interface）：人机交互方法。计算机发展的初期，出现过纸带、卡片、行式打印机、逐字输入及输出的终端（Tele-Typewriter，TTY）。之后，从文字单位的交互（Character User Interface，CUI）转变成图形等视觉交互（Graphical User Interface，GUI），升级为利用人类感官的交互。最早名称为 MMI（Man Machine Interface），后来改成 HCI（Human Computer Interface），如今已经替换为 GUI。

答（并非语音合成的录音）。而且，不同人书写的形状各异的字母也能被计算机正确读取，并精简为关键内容。此外，不仅限于机器的同声传译、计算机内图像处理而成的虚拟现实[⊖]，与现实世界融合的增强现实[⊜]也在不断实用化。

虚拟现实技术（VR）大多是通过 3D 眼镜重现立体影像[⊜]。但是，随着移动设备及可穿戴设备[⊗]的发展，在没有 3D 眼镜的状态下也能将头脑中想象的情景扩展到空间中，如同身临其境的感觉。并且，通过增强现实技术（AR），还能使房间内布满花朵，避难训练中模拟海啸来袭，将来或许能够实现思念的人站在对面的情景。增强现实技术是将虚拟情景直接附加于现实世界，人类的感觉变得更加细致、清晰。

人类的感觉是连续的[⊗]，需要将其在计算机内实施离散化[⊗]。也就是将连续数据适当分区之后替换为离散数据，分区越细致越接近实际的连续数据，即高精度的离散数据。但是，细致分区会导致数据量

⊖ 虚拟现实（Virtual Reality，VR）：通过计算机生成与现实世界相同的能够感知的状态。目前以视觉及听觉为主，但重现人类所有感官的研究也正在进行。

⊜ 增强现实（Augmented Reality，AR）：将计算机生成的感知信息套入现实世界中。并且，同样通过计算机重现能够感知的状态。1.1.3 节所述的智能手机的图像处理，可以说是一种智能手机中的增强现实。

⊜ 2016 年 1 月在美国举办的国际消费类电子产品展览会（CES），谷歌眼镜的虚拟现实技术获得巨大反响，2016 年也被视为 VR 元年。VR 设备不仅能显示，而且可全方位拍摄的相机已经推出，每个人都能自己制作 VR 素材。

⊗ 可穿戴设备（Wearable）：可直接穿在身上的便携式设备。衣服、手表、眼镜、帽子、手套、鞋子、笔、伞等各种物品中均可嵌入微型计算机，并与人脑协同工作，作为人类身体的一部分。例如，通过衣服记录健康状态，眼镜观看增强现实，手套感受抱着猫的感觉。

⊗ 连续（Analog）：原本是指模拟的意思。这里是指将连续数据转换为其他形式的连续数据。

⊗ 离散（Digital）：原本是指数字的意思。这里是指将连续数据转换为离散数据。

增多，处理时间也会延迟。用户界面的意义在于实时响应性[⊖]，应追求高精度及实时响应。因此，随着芯片的高性能化及专用设备等硬件的发展，同时人类也需要能够利用合理的方法及知识的人工智能技术。

生活品质的提升不仅需要人工智能，通常还有机械化的支撑作用。但是，通过物联网使机器能够控制生活空间，使生活变得更加便捷，但人类能做的事情会变得越来越少。其次，由于机械化的发展，人工智能也会不断升级。不仅日常生活更加方便，工作、育儿教育等所有方面，人类能做的事情逐渐被取代，人类的作用会被质疑。那么，会不会出现这样的局面？

1.1.5　机器的发展及其意义

人类培养了使用工具的智慧。特别是第一次工业革命之后，机械化以惊人的速度不断发展。虽然，第一次工业革命初期，英国也曾发生工人失业之后破坏机器的反对运动。但是，并没有产生机器奴役人类等论调。之后，随着机器融入社会生活，也逐渐得到社会认同。

模拟人类手臂运动的重型机器的力量远远超过人类，但重型机器并不能代替人类的手臂。机器通过电动机、发动机等运转，并由转动系统的轴承进行支撑，但人类的关节并不是开孔的轴承。机器模拟人类动作，未必需要复制人体结构。从人类的动作中获得启发，为了某种目的而设计成能够发挥最佳效果的状态，并不需要与人类完全相同的结构。而且，虽说重型机器能够发挥更巨大的作用，但没有人为此感到悲观。

⊖ 实时响应性（Real Time Response）：无时间延迟，在要求的时间内得到响应。人类的反应为秒级，计算机应该能够确保足够的响应性。但是，根据数据量、处理内容、实际的输入及输出处理等，有时人类也会感到延迟。

如此说来，人工智能模拟人脑活动也并不是完全复制人脑，仅仅是具备人脑部分活动被优化的构造。机器在被优化的条件下，即便对人脑活动的模拟行为超越人类，也不必感到悲观。或许有人持反对意见，认为重型机器和人工智能是完全不同的范畴，当然手脚的辅助和人脑的辅助也是没有可比性的。但是，人类输给计算机日本将棋，有必要感到悲叹吗？人类力量远远不如重型机器是否能够类比人脑与人工智能的关系？难道我们不能从这些观点思考人工智能？

1.1.6 职业变化

未来会被人工智能取代的职业，这类话题引起热议。不只是人工智能，随着机械化发展，人类的工作也从单一作业转变为流程机器，人类从事的职业变得更加复杂化。但是，如果人工智能得以发展，想必人类也不会感到悠闲。正如开头提到的《NEXT WORLD 我们的未来》中也曾警告过，律师等精英职业也会不再需要人类。那么，留给人类的工作是不是一些超越复杂性，需要独特创意的事情？而且，是不是全世界的人类都要从事创意工作？

说到创意，艺术家是创意职业的先锋。但是，即便现在，计算机也能通过图像处理技术绘制油画，还能创作气势磅礴的古典音乐。

或许，类似这样的工作只需提供庞大的数据，并根据观众或听众的喜好类型进行排列组合，即便不具备创意性，也能获得超越人类作品的效果。现如今设计工作也是如此，仅需输入条件，计算机就能设计出许多人类难以想象的备选方案。既然人工智能能够模拟创意，艺术家或设计师是否也会丢掉工作？这种事恐怕不会发生。

艺术家、设计师的工作无疑是充满创意的。即使机器能够创作出色的作品，也有可能其作品都是相同类型，如果提出例如"美好图画""悲伤歌曲"等要求，或许创作出来的都是相同风格的作品。

原因在于机器注重重复性，条件相同则得到相同结果⊖。或许有人产生不同意见，提供给计算机的数据是无穷无尽的，机器创作的作品自然也是不同的。但是，艺术家或设计师在创作时，不仅依据外部条件，还要反映内含意义。人类即使面对相同条件，也能根据内含意义发挥出创意，机器却没有这种能力。

以律师为例，如果只是从庞大的数据中搜寻法律知识及以往案例，人工智能的速度或许更快、更精确。但是，律师并不是死记硬背法律条例、案例，律师必须将通用法律适用于独立事件中。而且，由于可能与其他法律条例产生矛盾，法律无法单纯适用，还要考虑各条例的重要度、社会认知。并且，还要参考以往案例进行判断，并不是模拟以往案例。

对于律师考虑的独立问题，以往案例并不能直接作为参考。但是，人工智能已经限定范围，即使参考数量庞大的事例，或许也无法考虑独立问题。所以，律师的许多工作仍然需要人类负责。

未来的律师在确认自己大脑中记忆的法律知识及以往案例时或许会利用人工智能，并在此基础上加入独立事件进行判断。因此，单纯依据以往案例判决有罪的被告，或许也能被判无罪。但是，如果完全依靠人工智能，都会变成有罪。

综上所述，人工智能的发展导致职业变化，或许只是工作方式的改变，人类还是要发挥作用的。机器本身擅长单一作业，人类脑活动中死记硬背的记忆活动、单一重复的计算活动等，可能即将被人工智能取代。但是，即便人工智能储存再多知识，使用这些知识时也需要相应判断，这时候就得人类处理。

例如，为了高效推动密集的行程，可将行程管理交由人工智能

⊖　或许认为在计算机内部，通过随机数适当改变条件即可。但是，随机数实际是假随机数，并不混乱，而是依据既定顺序生成的随机排序。

处理。某一天，突然出现不在计划之中的来访者。出现这种情况时，如果人工智能在未询问人类的情况下，凭借记忆数据判断回绝来访者的话，反而会造成困扰。

医生将许多病例记在大脑中，以应对各种新的情况。但是，如果每个细节都要询问人工智能，紧急手术等肯定来不及。依据以往的病例经验，自行判断应对才是医生。

电视上经常看到超越普通人类的记忆能力、计算能力的比赛节目，但并不是说计算机或人工智能不断发展，这些能力就变得多余了，因为在记忆能力及计算能力之上的应用能力被人类所拥有。

即使人工智能能够将烦琐的长文简约化，将英文翻译成中文，创作出契合氛围的旋律，人类也不能做"甩手掌柜"。

1.1.7　责任由谁承担?

以近年来备受瞩目的搭载人工智能的无人驾驶汽车⊖为例进行说明。设定好目的地之后，人工智能判断位置信息及周围状况，通过无人驾驶将我们送至目的地。所以，不用担心人在驾驶过程中睡着。但是，如果人工智能在途中发生异常情况，是否能够得到正确处理?

驾驶过程中出现事故等，即使人类驾驶也会有不同的应对方式，未必就能处理得比人工智能更好。但是，问题并不在于事故本身，而是出现事故时由谁承担责任（见图 1-2）。如果是人类驾驶，且车辆本身无质量问题，则人类承担责任。那么，人工智能驾驶时是否该由人工智能承担责任? 或者，属于人工智能的生产责任，也就是厂商承担责任? 即便将责任推给人工智能或厂商，遭遇事故的

⊖　2015 年的东京车展上，无人驾驶技术与环境保护被视为今后最重要的课题。包括非汽车厂商的谷歌在内，国内外厂商正在独立推动无人驾驶技术的研究。但是，即使技术层面趋同，目的及使用方法也有差异。

也是乘客（人类），所以千万别说得这么轻松。

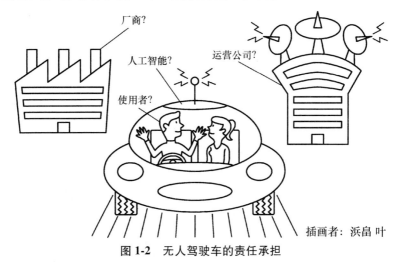

厂商？

人工智能？

运营公司？

使用者？

插画者：浜畠 叶

图 1-2　无人驾驶车的责任承担

即使不是事故，例如客车在无人驾驶过程中乘客出现腹痛，人工智能驾驶的客车会如何处理？停车之后呼叫急救车，让其他乘客一起等待急救车到来？如果是驾驶员，会根据更加具体的情况进行处理。但是，人工智能是否具备同样的临机应变能力？处理之后的责任是由汽车厂商还是运营公司或乘客承担？

通常，无人驾驶的目的是为了减轻驾驶者的负担。其实，还有更积极、务实的目的。试想一下，如果高速公路中行驶的所有车辆都变成无人驾驶，人类不遵守交通规则而导致的事故会减少，实现井然有序的运输状态。此外，人烟稀少地区的客车运行，既定路线的运输，无驾驶能力人员的移动方式等都是无人驾驶的意义所在。但是，拥堵的市区街道、单纯体验驾驶乐趣等不在无人驾驶的考虑范围内。飞机当然可以自动驾驶，但那是在水平状态下按照既定路线自动飞行。即便如此，为了安全考虑，还是需要飞行员。

无人驾驶并不是以自动化本身为目的。因此，使用者应考虑具体状况，并在使用时承担相应责任。欧美及日本已经开始在公路上实施无人驾驶试验，或许许多人认为作为生产责任的一环，厂商应该承担无人驾驶的相关责任。但是，与使用目的也有关系。例如人烟稀少地区的无人驾驶客车，可能运营公司会安排员工同乘，以备不时之需。而且，还要考虑从无人驾驶迅速切换为人工驾驶的必要手段。或许，早已消失的客车乘务员职业又将出现。这种情况是否可以视为客车驾驶员职业的"质变"？

再以更为复杂的情况为例进行说明。将来，或许在医疗现场经过深度学习（见 8.3 节）锻炼之后具备超越人类的知识，且能够表达人类感情的类人机器人也能参与医疗活动中。而且，周围的人不会感觉这是机器人，如同接触人类一样。这种机器人出现医疗事故时，责任是否由机器人承担？或者，由机器人厂商、医院、机器人的搭档医生、选择机器人医疗的患者承担？机器人即使再像人类，也无法向机器人本身追究责任。人工智能再发达，承担责任仍然是具备保障能力的人类。

今后，在医疗机构使用人工智能机器人时，该有怎样的思想准备？如果人工智能机器人取代幼儿园老师来照看孩子，人们能安心接受吗？双职工的父母能放心让人工智能机器人照看孩子吗？虽然体力方面比不上人工智能，但孩子交给爷爷奶奶是不是更让人放心？

除了这些极端的例子，即使任何生活状态，或者从工作及职业的观点考虑都会面临一个问题。"放任人工智能不管，出现问题时，责任由谁承担？"例如，扫地机器人没有将房间内的犄角旮旯清扫干净，或者将贵重的戒指等吸进去，这时候投诉机器人厂商也没用，理所应当是使用者的责任。

此处的重要论点是以考虑职业变化为前提。也就是说，人工智能也是人类使用的工具，如果在职业中加入人工智能，使用者的责任应当反映于工作方式中。

1.1.8　工作的质变

不只是人工智能，机械化也会使人类的工作及职业产生变化。但是，这是工作的质变，而非职种变化。现在从事的职业不会因人工智能而消失，而是该职业的工作方式产生变化。当然，有些职业确实不再需要人类，但人类还会继续发挥某种作用。例如，可以使用人工智能授课，但对学生来说老师仍然必不可少，学生需要实际尊重人性的心态。老师的意义并不只是教学生，还有看管学生的责任。

2013 年 9 月，英国牛津大学的 Michael Osborne 博士发表了一篇论文，针对美国的 700 多种职业，计算出随着计算机技术发展的10~20 年后这些职业消失的可能性[⊖]。

其中，居然有 400 种职业的消失概率达到 50% 以上，260 种职业的消失概率达到 80% 以上。论文是从工作的细致性、创造性、社会性等观点出发，通过统计学方法[⊖]精确分析得出的结果。但是，导入人工智能的目的和责任等观点并未作为分析对象[⊖]。在注意到这一点的同时，基于笔者的个人意见，对消失概率为 99% 的职业（见表 1-1）和其他主要职业（见表 1-2）进行了重新整理。

⊖　FREY C B, OSBOME M A. The Future of Employment: How Susceptible are Jobs to Computerisation? ［J］. Technological Forecasting and Social Change, 2017, 114: 254-280.

⊖　高斯过程分类法（Gaussian Process Classifier），一种利用正态分布的回归分析方法，可用于机器学习中。

⊖　责任（Responsibility）的观点本应包含在社会性中，但社会性考虑的关键词只有以下几种。

社会洞察力（Social Perceptiveness）：注意别人的反应，并理解为什么会有这种反应。

交涉（Negotiation）：与别人进行协调，并调整不一致点。

说服（Persuasion）：说服别人改变态度或行为。

帮助或照顾别人（Assisting and Caring for Others）：单独援助、医疗护理、情绪调节，以及对其他同事、顾客及患者的照顾。

表 1-1　消失概率为 99% 的职业整理

消失概率为99%的职业	工作内容	智力作业条件	替代情况	基于目的和责任的人类作用，工作质变
打字员	数据录入	数据录入形式变化	消失	目前的打字录入、扫描等业务会消失
图书馆技术员	图书馆的维护管理	接待借书者	减半	借书及还书等固定业务可被替代，但与借书者的交流处理等仍需要人类
银行窗口人员	银行账户业务	接待顾客	消失	全部可实现自动化。但是，综合性接待窗口仍然需要人类
摄影师	摄影及相关业务	处理特殊情况	消失	即使专业摄影，特别纪念摄影等需要人类处理，但街边的摄影店经营状况会越加恶劣
税务员	报税等业务	处理顾客的特殊业务	减半	即使税务计算可被替代，判断及顾客的特殊业务仍然需要咨询员处理
货运人员	货物搬运	安全管理、规格检查	减半	搬运作业相关职业可被替代，但装货的责任需要人类承担，负责管理监督
钟表维修工	钟表维修	文化继承	消失	将成为宝贵的文化遗产，但目前钟表维修不再适合作为一种职业
保险业者	保险相关业务	接待顾客	减半	从放心服务的观点考虑，特殊业务的对接仍然需要人类
统计员	数据统计	适应性判断	减半	即使数学公式能够自动选择，如何使用仍然需要人类判断
手工缝纫工	手工缝纫业	设计层面、质感	消失	文化、兴趣、定制等仍有保留，但包括设计在内的其他方面可被替代
审查人员	资格审查业务	处理特殊情况	消失	特殊业务的审查仍然需要人类，但依据既定标准的审查可被替代
电话推销员	电话销售	线上化	消失	销售方式本身发生变化

表1-2 其他主要职业的整理

将来可能消失的职业	替代方式	智力作业条件	替代情况	基于目的和责任的人类作用，工作质变
小卖店服务员	接待机器人	接待顾客	减半	顾客会出现一些偶发情况。需要店长及少数工作人员
普通业务员	业务机器人	职场活性化	减半	单一作业可被替代，但业务本身高级化
销售员	线上化	接待顾客	减半	商务活动还是要人对人对实际，能够更加明确顾客的意向
普通秘书	秘书机器人	接待顾客	减半	单一作业可被替代，但紧急应对及谈判等工作内容增加
餐饮柜台接待员	接待机器人	接待顾客	减半	就餐的目的不仅限于食物本身，还看重服务、就餐环境同样重要
商店出纳及售票员	接待机器人	处理特殊情况	减半	复杂情况必须由人类处理，所以必须保留人的岗位
大型车辆驾驶员	无人驾驶	处理特殊情况	减半	人类需要承担临机应变的驾驶工作。但是，是否需要乘车，应根据具体情况
客服中心服务人员	自动语音回复	处理特殊情况	减半	无法自动处理时，仍然需要人类处理
小型车辆驾驶员	无人驾驶	接待乘客	减半	需要能够承担驾驶责任的体制
高级公务员	业务机器人	政策处理	减半	单一作业可被替代，但业务本身高级化
配菜员	烹饪机器人	试行	减半	单一作业可采用机械化，但仍然需要大量的训练、试行
大厦管理员	保安机器人	业主服务	减半	夜间巡逻等可被取代，但业主接口仍然需要
体育竞技裁判员	机器判定	比赛的构成条件	无变化	机器判定可作为人工裁判的辅助，比赛场会的运动及环境同样重要，判已成为一个整体
酒店前台	接待机器人	接待顾客	减半	单一服务可被替代，但顾客意图的服务，但现场会有偶发情况，需要人类在现场监督
工程机械操作员	作业机器人	处理特殊情况	减半	机械操作工作可被替代，但现场会有偶发情况，需要人类在现场监督

有的职业完全消失，有的职业人数减半。但是，从目的和责任的观点考虑，大多数职业仍将存在。质变是存在的，但并不支持计算机化导致职业消失、工作被人工智能取代等观点。当然，为了改善工作质量，人类在日常业务中也要始终保持毫不懈怠的素养。

论文中并未使用人工智能这个词，而是通过"计算机化"表达。所以，论文内容侧重于单一作业的机械化层面。但是，任何职业都包含智力作业和单一作业的条件。如果从目的和责任的观点冷静考虑，肯定有人类负责的工作内容。

无需悲观，应积极考虑质变。或许，这也是重新思考未来自己职业发展的机会!

1.1.9　大数据分析

大数据⊖这个词已为人熟知，互联网上的无限数据、日常生活的所有记录都是大数据。利用大数据进行分析也不是现在才出现的，例如数据挖掘⊜等。2012 年，谷歌公司推出猫脸识别⊜以来，大数据分析和深度学习让我们看到人工智能研究的实质成果，但在

⊖ 大数据（Big Data）：庞大的数据。这个词从 2010 年左右开始使用。数据库等以往的数据处理方法无法应对的数据量或复杂程度。常规的数据库是将数据中附带的条件提取之后列排序，再将各种条件的值作为一组表示成一个数据，并排序成数据个数对应的行，以表格形式表现。与其相比，大数据的行或列都太大，无法以表格形式归纳于计算机内，或者难以限定列。

⊜ 数据挖掘（Data Mining）：将数据视为矿山，从数据中挖掘出宝藏的意思。文件处理中称作"Text Mining"，网页中称作"Web Mining"。

⊜ 依据 2012 年 6 月谷歌公司的博客中表达的内容。
　a. 语音识别、图像识别、垃圾信息处理、汽车无人驾驶、翻译等机器学习的完善还很遥远，所以需要新的方法。
　b. 以前的机器学习需要确定数据的等级（猫脸识别等），但新方法不需要确定等级。
　c. 神经网络之前仅达到 1000 万连接。但是，采用新方法之后具备 16000 个 CPU 和 10 亿的连接。
　d. You Tube 的视频中已有播放，已实现通过自动提取猫的特点，识别出不同的猫。

此之前也进行了许多基础研究。

大数据分析，是指从海量数据中发现规律性。基本上是从数据包含的条件中找出关键条件，并依据这些条件对数据进行分类。能够顺利分类时，即可视为这些分类条件是规律的。为了依据特点条件对许多数据进行分类，可利用贝叶斯概率，采用从总体中识别分类条件的统计方法。常规的概率可通过多次试行，试验得出引起现象的可能性。但是，如果一次定胜负时失败了，只能是运气不好。依据贝叶斯$^{\ominus}$概率，即使试行一次，通过设定条件也能获得准确的期望值，要领如下。

针对两个现象 X 和 Y，$P(X)$、$P(Y)$ 分别为独立的概率，$P(X|Y)$ 为 Y 成立时 X 成立的概率，$P(Y|X)$ 为 X 成立时 Y 成立的概率，$P(XY)$ 为 X 和 Y 同时成立的概率，则存在以下关系

$$P(X|Y)P(Y) = P(Y|X) \cdot P(X) = P(XY)$$

转换之后，

$$P(X|Y) = P(Y|X)P(X)/P(Y) = P(XY)/P(Y)$$

为了提高现象 X 的发生概率 $P(X)$ 的可信度，使用附带现象 Y 确认 $P(Y)$、$P(Y|X)$ 或 $P(XY)$，并求取 $P(X|Y)$。用于聚类时，X 表示分类现象，Y 表示总体，$P(Y)$ 固定，计算求取 $P(XY)$，并求取 $P(X|Y)$，即可分类。

大数据分析可应用于互联网的商品推荐广告、商品种类、服务内容（针对顾客需求）等，对商务、日常生活等都能发挥巨大作用。但是，聚类算法等目前运用的学习方式中由人指定关注对象，无法确保能否获得准确的分析结果。

例如，图像识别考虑猫或狗的特征，网页考虑浏览次数或两个页面的同时访问率，车站改票数据考虑各时间带的通过人数及年龄

$\ominus$ 托马斯·贝叶斯（1702—1761），提出的附带条件的概率论。

层。类似上述事例，是在给定数据关注点的前提下分析倾斜。但是，这种方式反而更加烦琐。一个或两个条件是很容易分析的，但通常条件有许多，精度及效率的提升有所限制。而且，如果通过其他条件分析，会担心同一数据得出不同结果。针对这种情况，通过深度学习可以迎来新的局面。

1.1.10 **深度学习**（Deep Learning）

深度学习的目标在于自动提取给定数据的特征。之前的学习方式要么没有关注特征，要么由人类准备相关信息（例如，具备这种特征就是猫），并在此基础上判定新对象是什么，再将其特征汇总成合理的形态。但是，深度学习中，不同人类特意准备任何信息也能提取特征，并根据其特征整理复杂多变的数据。依据将特征抽象化的概念（即便最终由人类命名），之后面对新数据时，也能分辨清楚其（新数据）属于哪种概念。其实，这与人脑识别具有相同效果。

深度学习最适合大数据分析。即便学习方式中比较新的强化学习⊖，也需要给定学习条件，并定义产生的相应回报（报酬）。但是，深度学习即便没有给定学习条件，也能自主找出合理条件。因此，即使面对大量令人毫无头绪的数据，也能从中发现潜在的规律性，并依据此规律性，给新对象以最合理的解释。

大数据的预测方式，正是人工智能发挥的作用。

谷歌公司的猫脸识别就是通过在深度学习提取的特征条件中加入猫的概念，下次面对新的猫图像时，依据特征条件的一致性即可判定是否为猫。在此过程中，表现猫的特征的必要条件并不是人类

⊖ 强化学习（Reinforcement Learning）：将环境中获得的回报最大化的学习方式。但是，学习什么（学习动机）和回报的计算方法必须由人事先决定。即便如此，在未提供学习样本"导师数据"的条件下，也具备自主性的学习方式。

给定，而是通过深度学习自动生成。

借助深度学习，甚至会提取到人类未预测到的特征。对人类来说，这是一种从隐藏着未知信息的知识海洋中发现宝藏的难得工具。但是，人们通常对特征提取的原理并不了解，有可能始终无法理解为什么能够得到这种结论。或许有些人认为结果是好的就行，但这也要具体情况具体分析。因为责任由人类承担，还是需要考虑避免弄错方法。

1.1.11　机器人

说到人工智能，首先浮现在脑海中的或许就是人形机器人。再说回电影的话题，2001 年上映的由史蒂文·斯皮尔伯格执导的《人工智能》中，一对夫妇的儿子患上不治之症而成为植物人，他们领养了与自己孩子外形完全相同的机器人。但是，不久之后患病孩子苏醒了，于是机器人就被丢弃。这个机器人被植入了模仿本能，输入关键词后就会爱慕第一次见到的事物。将模拟本能植入机器人，如同动物刚出生不久第一眼见到的事物就认定是母亲的"印记现象（Imprinting）"。电影中，这种本能驱使机器人找寻自己存在的理由，情节随之戏剧化展开。这种模拟本能是否与机器人的感情或内心存在联系？

软银集团的 Pepper[○]是一种交流机器人，并未采用双腿行走的移动方式，设计侧重于理解人类的感情。能够解读人类的喜怒哀

○ Pepper：由软银公司及其子公司 Aldebaran Robotics 共同研发。2015 年 2 月开始正式销售。笔者在沼津工业高等专门学校（简称：沼津高专）也曾同 Pepper 对话过，刚开始它只会说："您说的话我不是太明白，我身体不太舒服，下次再聊吧！"学习之前完全无法交流。但是，经过长期相处过程中不断学习，它终于可以与人正常交流。如果一段时间不同它说话，它甚至会着急对我说："最近为什么不找我聊天？"

乐，并作出相应回复。并且，可通过无线网络连接互联网，依托云技术运行。Pepper 受到使用者及许多普通开发人员的追捧，使得人们持续探索交流机器人的存在方式。

索尼公司的 AIBO[⊖]表明了人类与机器人的一种接触方式。AIBO 并不具备深度学习等学习功能，但能够反馈人类的动作，并在积累过程中产生学习效果，形成自己的个性。即使外部为冷冰冰的金属，也能让人感受到温馨。据说一旦中断维护，AIBO 就会迎来死亡的命运（无法维修），令人惊讶的拟人化设计。

机器人研究从数值控制的产业机器人开始起步，逐步发展至具备自主性[⊖]的机器人。双腿行走为主的人类运动功能模仿及辅助、与人类交流、医疗及护理、教育支持、灾害危险作业、搜救、救助活动、安保、日常生活辅助等各种形式的机器人已经开始实用化。而且，它们并不是仅仅发挥单一或有限的作用，而是灵活多变的。

1.1.3 节讲述的扫地机器人就是一个好例子，既有负责看门的作用，还能在房间内跑动记忆室内状态，并与其他电器协调发挥物联网的作用。此外，谷歌公司的无人驾驶车也可以视为一种将车体作为身体的人工智能机器人，从单一的移动方式成为生活空间的一部分，提供健康管理、娱乐等内容丰富的服务，简直就是汽车版的哈尔。汽车中虽然搭载着许多车载计算机，但除了高性能的超微型计算机及全方位摄像头，还要实时处理庞大的数据，准确进行状况

⊖ AIBO：索尼公司研发的机器狗。1999 年~2006 年一直销售，共计出货 15 万台。内部控制依托跟随传感器运转的复合型组合，称不上是人工智能。但是，设计中也包含一些特点，比如通过重复相同反应，反应速度会变快。2014 年开始，已终止售后服务。

⊖ 自主性（autonomous）：即使没有人类介入，也能判断环境，进行最合适的动作。工业机器人也能自动运转，但只能完成事先决定的动作。无论数值控制程序多么复杂，只能完成既定动作。与此相比，具备自主性的机器人必然嵌入能够自主运转的程序，以不同于数值程序的原理进行运转。

判断。所以，深度学习等人工智能技术不可或缺[⊖]。

此外，捕捉人类动作并自主进行辅助的机器人外骨骼[⊖]、1.1.4节所述的虚拟现实的实现方法之一的智能体机器人等各种形式的机器人正在被研究。通过与人工智能技术的衔接，必将实现更加智能、拟人化的机器人。

关于自主移动机器人的研究，在笔者担任客座教授的沼津高专也以微型智能机器人系统（Micro Intelligent Robot System，MIRS）的形式进行。而且，1988 年以来，每年都成为该校电子控制专业学生的必修科目。经过一代代学生的努力，移动性能逐步提升。比赛通常分为 4~5 组，各小组经过一年时间开发制作自主移动机器人，年末开始竞赛。虽说有的小组上一年已经积累了经验，但学生们每年仍然从零基础起步，还是具有一定难度的。以前，曾出过"通过体育馆内的迷宫"这样的竞赛课题。但是，由于完全自主控制，很难在规定时间内完成。2013 年开始以"安保机器人"为课题，机器人在竞技场巡逻，通过图像处理等技术识别强盗机，并采用追尾、控制等手段进行竞赛（见图 1-3）。

2016 年 1 月举行的竞赛中，移动性能（速度、稳定性、准确度等）得到大幅提升，但识别及判断能力似乎没有明显改变，超时情

⊖ 2016 年 1 月在美国举办的国际消费类电子产品展览会（CES）中，高性能芯片及超微型计算机呈现活跃趋势。大小如同肥皂盒，却能以匹敌超级计算机的兆级运算速度（在 1s 内处理几千张照片）的车载计算机也已推出。由此，通过与深度学习组合的图像处理技术，使得全方位摄像头拍摄的周围状况能够被实时处理。

⊖ 机器人外骨骼：又称作动力外骨骼（Powered Suit）或动力辅助外骨骼（Power Assist Suit），可作为衣服的部分穿在身上，强化人类的活动。主要通过感知人类的关节及肌肉的动态，并利用电动机、液压、气压等辅助机构使其朝向强化方向动作。护理场所等辅助体力工作，医疗场所等辅助物理治疗，灾害现场辅助拆除作业，或者用于军事领域等，目前已经得到应用。

图 1-3   沼津高专的 MIRS 竞赛（2016.1.30）
注：MIRS（左）正在控制强盗机（右，带气球的机器人）

况较多。即便如此，学生们在赛场上还是热情洋溢，竞赛在观众们的助威及叹息声中达到高潮。正因为大家明白其意义所在，即使没有完全展现出应有的动作，当其中一台机器成功捕捉到强盗机的红外线并成功控制时，会场便会响起热烈的掌声。笔者在会场时听到后排观众有过这样感叹："这要是无人驾驶可就糟糕了！"正是类似这样的担忧，才证明 MIRS 是有意义的。也就是说，无论人工智能的无人驾驶还是 MIRS，想要做到自主运行都必须在软件上下功夫，学生们跨出了第一步。MIRS 竞赛通常为公开形式，任何人都能观看。

1.1.12   机器人的情感

试着从人工智能的角度，思考各种机器人的情感。阅读人类表情，并模仿出具有感情的动作，这是可以办到的，之前所说的 Pepper 已经实现。但是，机器人真的能够产生情感吗？而且，机器人有必要带有情感吗？如果是人与人的关系，可能会赞同对方或坚持自我主张，甚至产生矛盾冲突。人类具有个性，这是由本能决定的○。

之前介绍的电影《人工智能》中，机器人被植入模拟本能。但是，从交流机器人的目的考虑，这种方法是否正确？即使母亲的情感产生变化，机器人永远会遵循模拟本能。而且，机器人不会像人类一样长大。即便通过人工智能学习更多知识，外表依然没有任何变化。人类是自私的，没有成长的事物会被视为工具，甚至被抛弃。如此看来，被植入模拟本能的机器人难道不可怜吗？其实，机器人自己并没有丝毫悲伤，但周围的人感到痛心。AIBO 的设计中也考虑到这种因素，所以采用金属外表。但是，使机器人同人类一样动作，甚至带有感情的想法仍然令人难以接受。

无论技术如何进步，机器人只是工业产品。机器人最多获得模拟本能，无法获得维持生命的本能及气质。交流机器人能够阅读人类情感即可，没必要刻意拟人化。

人类想要机器人拟人化，这是交流机器人存在的必要条件。但是，即使机器人没有真实的情感，人类也必须同机器人合理交流（见图 1-4）。

1. 1. 13 技术奇点（Singularity）

本书开头提到的 NHK 的《NEXT WORLD 我们的未来》中，对犯罪预测等也有介绍。在美国西海岸的一座城市，为了提升警察的

○ 严格来说，是指具有气质（temperament）这种与生俱来的行动特点，与动物的普通本能有所区别。顺便说下，依据德国的精神医学家 Ernst Kretcschmer（1888—1964）的研究，气质分为 3 种类型：多血质、胆汁质、黏着质。对比日本战国时代的三名武将，也可分类为信长型（多血质）、秀吉型（胆汁质）、家康型（黏着质）。气质与性格不同，属于个性的源泉，一辈子都改变不了。

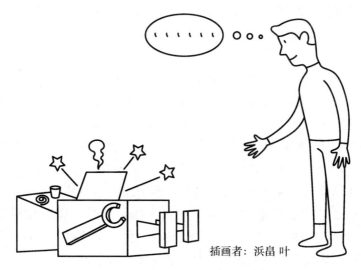

插画者：浜畠 叶

图 1-4　如何对待机器人向人类呈现的情感

巡逻效率，通过人工智能预测（依据以往的犯罪数据分析）决定巡逻区域。并且，据说某位女歌手通过对以往歌曲分析的人工智能预测，安排自己的一切活动。此外，每天的日程安排、恋爱对象等如今都能运用大数据的深度学习进行人工智能预测。预计到 2045 年左右，所有领域都会借助人工智能提升人类的智能。最终，人类活动依据人工智能预测会成为准则，否则会导致社会秩序混乱。

人类自主行事，反而会造成麻烦。这就是所谓的技术奇点（Singularity）。

这种想法的前提是通过计算机重现人脑等只是时间问题。借助深度学习等推动对人脑的研究，并将研究成果通过工学设计展现，构成人类难以企及的脑活动，这是有可能实现的。但是，人脑并不是单纯计算神经元的数量，况且人脑的生理作用也完全没弄清楚。别说 2045 年，很难相信在更遥远的未来能够将人脑研究透彻。即便将人脑完全研究清楚了，也没必要通过工学设计完全重现。

1.1.14　框架问题

　　框架问题[⊖]是在人工智能被提出之前就已存在的复杂课题。框架问题的思路是指学习常识类的知识需要摄取无限的现象，但最终这是不可能的。"人类也能拥有无限的常识吗？"如果有人提出这样的问题，一定会让人感到诧异。但是，任何人都能自然地进行常识性判断。因此，思考或行动是不会停止的。但是，人工智能不同于人类，不擅长的事绝不会做。

　　下面，以自主运行的机器人捡起掉在地上的铅笔时会如何处理的事例进行说明（见图 1-5）。通常认为，发现铅笔掉地上直接捡起来即可。但是，聪明的机器人在捡起之前会反复考虑："这个物品有可能是铅笔形状的炸弹，可能性达到 0.1%。转移炸弹必须打开门，还要对房间内的构造进行分析。"这种机器人聪明过头了，看不到尽头的重复自问自答的过程中，说不定旁边正好路过的人就会顺其自然捡起铅笔。当然，常理来说不会出现这种情况。

　　但是，这种机器人的程序考虑范围（框架）中设计了"可能是炸弹"的概念。这么说来，这种机器人无法承担防恐对策。为了防恐对策，需要替换成认为所有物品都有可能是炸弹的程序。而且，程序替换之后的机器人捡起铅笔时也要警惕炸弹。

　　即使人类实施反恐对策，也需要接受相应的培训。但是，与人工智能机器人不同，人类接受培训之后在家里仍然会放心，并且为了工作而学习任何内容都是由人类自我意识决定的。

　　无论人工智能如何自主运行，恐怕框架问题仍然是尚未解决的

　　⊖　MCCARTHY J，HAYES P J. Some Philosophical Problems from the Standpoint of Artificial Intelligence ［J］. Machine Intelligence，1969，4.

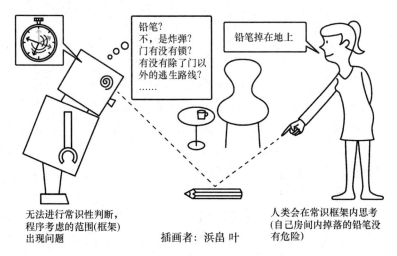

图 1-5　框架问题的示意图

课题，人工智能只能在有限的常识范围内解决问题。当然，这样的想法并不是否定人工智能。也可以认为人工智能是一种工具，在有限的范围内发挥作用即可。

1.1.15　人工智能的目的是什么？

人工智能是指通过工学设计再现人类的智力活动，发挥出超越人类极限的作用，绝对不是为了制造出人脑。但是，随着对人脑研究的深入，通过人工创造类似人脑的结构机制，能够使人工智能更好地进行智力活动。

那么，接近人脑的人工智能到底有没有意义？人脑并不是只有神经元就能构成的，且人脑的构造也不是仅凭对应的神经元数量就能模拟的。接近人脑的人工智能到底是什么样的？目前不得而知。假设真的实现，即使不出于本能也会带有感情，并不是装出喜怒哀乐，感觉如同与真正的人类进行交流。但是，另一方面也会出现动摇、错误、忘记，甚至反应前后不一致。更像人类，但人类对计算机所期待的特点（准确度、速度、重现性、超越数量极限）会逐渐丢失，变得毫无意义。因此，接近人脑的人工智能这种说法没有任何意义，辅助人类智力活动的某一层面才是正确的方向。

例如，交流机器人需要接受人类的情感，但人工智能能够做到的仅仅是重现人类的情感表现，这并不能作为机器人的情感。因此，只要符合人类要求，即使机器人不带有情感，也能充分实现交流的目的。

无人驾驶汽车、医疗及护理、零售店员、货物搬运、教育培训、公司经营战略、投资、家庭生活、翻译等，很多领域都会应用人工智能。但是，虽说是人工智能，也不能等同于聪明的人类。总之，人工智能只是辅助人类智力活动的机器，绝对不能迷失方向。

之前提及的《2001 太空漫步》中的宇宙空间站及哈尔如今为什么没有出现？答案就是"不符合社会目的及需求"。

如果全人类都认为宇宙空间站是最优先需要的，或许早已实现了。但是，地球上最重要的课题有许多，宇宙空间站的优先等级相当低。哈尔在综合技术层面确实很先进，但从单一功能方面考虑有的已经实现，并根据目的及需求等逐渐普及。

如今，人工智能的明确目标已经呈现，通过深度学习发现人类难以想象的规律，辅助人类进行判断。那么，我们应该如何利用这样的人工智能？例如，使用基于深度学习的图像识别可以使机器人真正地自主行动，捕捉状况的本质，而不是单纯依靠传感器反应。或者，即便不是机器人，根据目的及需求等，也能在灾害现场、医疗现场等各种情况下得到应用。而且，汽车的无人驾驶也会成为现实。

1.1.16　"人工智能超越人类"如何理解？

人工智能超越或征服人类，该如何理解？恐怕不是指人工智能机器人通过战争行为驱逐人类。结合此前所述，"考虑到人工智能的目的，应该不会导致这种局面。"如果说有，可能就是人类乱用人工智能预测。

通过深度学习使大数据分析技术不断进步，人工智能预测得以发展，相比依据人类的经验或该领域专家的见解等获得的结论，更加重视人工智能得出的结论。如果这种社会风潮不断蔓延，肯定会造成严重问题。例如，在案件审批过程中，即便律师的陈词中如何用心考虑案件的特殊背景及被告人的实际情况，法官仍然优先依据人工智能基于以前所有案例导出的结论，恐怕结果难以让人信服。

任何情况下都依据人工智能得出的结论，或许这才是被征服的状态。但是，导致这种状态并不是人工智能的意图，而是人类的思想。相比人类，人工智能更快、更准确、超越量的极限，并为我们解决问题。我们在任何情况下都无法判断人工智能的结论是否正确。

1.2　人工智能的研究课题

人工智能这个词是在 1956 年美国达特茅斯召开的会议中，由约翰·麦卡锡（John McCarthy）、马文·明斯基（Marvin Minsky）等权威专家提出㊀。计算机科学整体刚开始研究，人工智能的定义研究已经开始。当然，人工智能各个领域的研究并不是同时开始的，而是逐渐扩大研究范围。

1.2.1　人工智能热潮

神经网络、逻辑学、机器学习、机器翻译等研究盛极一时的 20 世纪 60 年代末期，由于 ALPAC 报告的机器翻译极限说㊁、明斯基的感知机极限说㊂，热潮有所消退。之后，为了克服这些问题，神经网络被设计出新的方案，机器学习方式也能在无数据库条件下适应环境。机器翻译方面，也将句法结构逻辑替换为全新的格语法㊃

㊀ 因图灵人机测试及第二次世界大战的密码破译而闻名的艾伦·图灵（1912—1954），其研究已经涉及人工智能的要素，他被称为人工智能之父。

㊁ 依据 1966 年的美国国家科学院自动化语言处理咨询委员会（Automatic Language Processing Advisory Committee，ALPAC）的报告，指出短句结构语法的机器翻译达不到实用程度，人工翻译不会受到威胁。短句结构语法（Phrase Structure Grammar）：以主语、谓语、宾语等品词为基础，规定短句的结构。

㊂ 1969 年，马文·明斯基认为感知机（初期的神经网络）的适用范围非常窄，必须在所谓的线性可分离状态下使用。详细内容参见第 2 章。

㊃ 格语法（Case Grammar）：1968 年由查尔斯·菲尔莫尔提出。此前的语法分析依托短句结构语法，但句型不同的翻译极其难处理。与其相比，格语法以动词为核心，以格的概念表示每个单词的作用，可进行不依托句型的结构分析。可分为动作主格、经验者格、对象格、时间格等各种格，原文转换为格语法之后，不会意识到语言句型结构的差异及被动态，从而转换为任何语言。例如，以下两种句型通过格语法表示的结果相同，可相互翻译。
a. 每个人都爱她。→动词"爱"为核心，"她"：经验者格，"每个人"：动作主格。
b. Everybody loves her. →动词"loves"为核心，"Every"：动作主格，"her"：经验者格。

方式，重新研究及商用化已经初见雏形。此处，对知识表示[○]和专家系统[○]进行重点说明。

知识表示的研究在 20 世纪 60 年代已经开始，但到了 80 年代才开始商用化，呈现人工智能热潮[○]的盛况。大型企业之间相互竞争，组建包括企划、研发、营销、SE^四在内的数百人规模的董事局直管的独立团队，推动开发自己的专家系统。客户方面也积极认为专家系统是自家公司问题解决的最佳方法，为了整理用于问题解决的显著及潜在的知识，出现了 KE^五这种职业。KE 并不是单纯的 SE，负责将客户的知识嵌入专家系统。现在来看是完全不可能的职业，但人工智能热潮中认真思考过。

但是，到了 20 世纪 90 年代初期，快速发展的专家系统达到极限，专家的微妙重要表达变得复杂，且包含常规知识在内的庞大数据库维护管理也变得困难。大型企业意识到通过专家系统替代专家的风潮是一种错觉，原本认为有用的方法却让人大

○ 知识表示（Knowledge Representation）：在计算机上如何模拟人脑的记忆结构进行知识存储，这就是知识表示的课题。详细内容参见第 9 章。

○ 专家系统（Expert System）：通过知识表示将专家脑中存储的知识形成数据库以替代专家的作用，当时对人流稀少地区的医院对策及传统技术的传承等方面专家系统能够得到应用有过期待。详细内容参见第 9 章。

○ 笔者在此时期也曾就职于企业人工智能相关组织的软件开发部门，经历了如梦如幻的时代。企业的核心业务与专家系统相关，除了构建为客户定制的系统，还将方便构建系统的工具作为产品售卖。各家公司都有独立的商品名，掀起过一阵热潮。计算机相关展会中也不乏人工智能，除了各种工具，在各种现场演示中，富士通的"亚森·罗平智斗福尔摩斯"自主移动机器人（搭载神经网络）的警匪剧收获许多关注。

四 系统工程师（System Engineer，SE）：依据客户要求制作专用系统的职业，也是目前最重要的职业。

五 知识工程师（Knowledge Engineer，KE）：收集专家知识，转换为专家系统知识表示的职业。将人类知识的微妙差异转换为知识表示确实有困难，目前尚未形成职业。

失所望，人工智能的研究也一蹶不振，研究人工智能的独立组织也被解散。

之后，20 世纪 90 年代浏览器出现，进入 21 世纪互联网急速发展，网页上载入了大量数据。其次，搜索引擎的研究也在推进，21 世纪 10 年代开始大数据分析。并且，由于深度学习的出现，通过与互联网协同的深度学习，有利于大数据分析的进一步发展。

2013 年，美国总统奥巴马发表了脑神经科学的重大计划——"BRAIN（Brain Research through Advancing Innovative Neurotechnologies）Initiative"，计划从 2014 年开始至少经过 15 年的努力，从线虫的神经细胞到苍蝇、老鼠等逐步扩大测试对象至灵长类动物的脑活动，达成绘制人类脑活动全貌的人脑图谱的最终目标，预算总额高达 45 亿美元。不仅限于精神疾病等医学领域，对工学、经济、周边产业的辐射效果同样值得期待。

在欧洲，将人脑（神经元结构）完全重现于计算机上的人脑计划（Human Brain Project，HBP）正在实施，计划在 2013 年~2023 年的 10 年间，持续研究不同于神经网络的方式。这也是一项总预算达到 13 亿欧元的大计划，以医疗领域的应用、新架构的计算机研发为目标。

在日本，20 世纪 80 年代的人工智能热潮中，开展了 10 年 500 亿日元的"第 5 代计算机（ICOT）"计划，并对并行推理机及其计算机语言（以 Prolog 为基础）[⊖]进行了研究。之后，经历了 e-Japan、Ubiquitous 的时代，目前以日本国立信息学研究所为核心的"东大入学合格机器人（简称：东大机器人）"

　　⊖　GHC（Guarded Horn Clause）：Prolog 基础的并行推理语言，但企业的应用
　　　范围较窄。从商业观点考虑，研究成果很难得到回报。

计划正在进行。在 2011 年至 2021 年期间努力实现研究开发的自然语言分析、算式处理等许多底层技术的整合及发展。其次，预见人工智能会发展到怎样的程度，甚至发现只有人类能够做到的事情。

1.2.2 人工智能研究课题的流程

人工智能的研究并不仅限于一个领域，而是由多种底层技术构成[一]。底层技术刚出现时可视为人工智能，随着技术的成熟，已经不能称之为人工智能，而被认为是独立的技术。

人工智能领域的各种底层技术相关研究课题逐步扩大，即便受到时代流行因素影响，基础研究仍将继续。其中，机器学习一直受到关注。近年来，数据挖掘和互联网相关技术也相互关联，应用于互联网的大数据分析中。此外，自然语言处理、智能体也是经久不衰的研究课题。到底有哪些课题被研究过？试着对 15 年内人工智能学会[二]的学术期刊和期刊论文的课题变化进行了调查，仅供参考（见表 1-3）。

[一] 依据日本学术振兴会科研费（科学研究费补助金）的分类，2013 年开始将人工智能相关研究的近似领域细分为信息科学（领域）的人类信息学（分科）中，可分类为认知科学、感觉信息处理、人机交互、智能信息学、软计算、智能机器人技术、感性信息学，此外还有信息科学以外的领域。人工智能的研究并不仅限于一个领域，而是由多种底层技术构成。分类每年都在变化，"人工智能"的领域之前也不存在。参考：日本学术振兴会网站 http://www.jsps.go.jp/index.html。

[二] 人工智能学会（JSAI）：1986 年成立，最早从 2000 名会员逐渐发展壮大。美国在 1979 年成立 AAAI，目前也是人工智能研究的领军学会。此外，根据机器人种类及独立课题细分的学会、大学及企业等主办的团体也有很多。

表1-3　人工智能学会课题的变化

课题名称	年份														
	2015	2014	2013	2012	2011	2010	2009	2008	2007	2006	2005	2004	2003	2002	2001
	卷号														
	30	29	28	27	26	25	24	23	22	21	20	19	18	17	16
	论文数量														
脑科学	3	0	1	1	1	0	2	1	2	0	5	3	2	2	3
神经网络	0	0	0	1	0	0	0	1	1	2	0	0	0	0	0
机器学习	5	4	3	4	3	3	2	4	4	3	5	5	2	5	3
深度学习	0	2	3	0	0	0	0	0	0	0	0	0	0	0	0
逻辑推理	1	1	0	1	0	3	1	2	3	1	0	3	1	4	5
数据挖掘	2	5	4	5	4	5	5	1	4	4	3	3	4	3	3

（续）

课题名称	年份														
	2001	2002	2003	2004	2005	2006	2007	2008	2009	2010	2011	2012	2013	2014	2015
	卷号														
	16	17	18	19	20	21	22	23	24	25	26	27	28	29	30
	论文数量														
贝叶斯网络	0	1	1	0	0	0	2	1	0	1	0	1	0	0	0
知识表示	3	2	2	1	2	2	3	0	1	1	2	2	1	0	2
遗传算法	3	3	5	3	2	3	2	2	4	4	0	0	0	0	1
互联网	4	5	0	5	4	3	4	2	4	5	4	2	1	4	5
搜索引擎	4	2	0	0	2	0	1	3	1	2	1	1	1	0	1
智能体	3	3	3	4	3	5	4	3	3	3	4	2	3	0	3
软计算	0	0	0	0	0	0	0	0	0	1	0	1	1	0	1

自然语言	4	4	4	4	4	4	4	4	5	5	4	3	2	5	2
本体论	1	2	1	2	3	3	2	2	1	3	5	1	0	5	0
词库	0	0	0	0	0	0	0	1	0	0	1	0	0	1	0
语料库	0	0	0	0	0	2	0	0	0	0	0	2	0	0	1
图像处理	2	2	1	2	1	3	2	2	1	3	5	1	0	5	0
语音	2	2	3	3	2	3	1	2	2	3	1	2	1	4	0
模式识别	1	1	0	2	1	0	1	0	1	1	1	1	0	0	0
HCI/HAI	2	2	3	0	1	4	2	1	1	2	2	1	0	1	0
云技术	0	2	1	2	1	1	0	0	0	0	0	0	0	0	0
关联数据	2	4	0	2	0	0	0	0	0	0	0	0	0	0	0
教育支持	4	2	1	2	2	4	1	3	3	4	1	0	0	4	2
农业	1	0	0	0	0	0	0	0	0	0	0	0	0	0	0

（续）

课题名称	年份														
	2001	2002	2003	2004	2005	2006	2007	2008	2009	2010	2011	2012	2013	2014	2015
	卷号														
	16	17	18	19	20	21	22	23	24	25	26	27	28	29	30
	论文数量														
营销	0	1	1	1	2	0	2	1	1	0	1	2	2	1	2
财务	0	0	0	1	0	0	2	0	1	2	1	3	1	0	0
旅游	0	0	0	0	0	0	0	0	0	0	1	0	0	1	0
围棋/象棋	1	0	0	0	0	1	0	0	1	0	2	1	1	2	1
模糊理论	0	0	0	0	0	1	1	0	0	1	1	0	0	0	0
机器人	5	4	4	1	2	4	3	1	3	3	2	3	3	4	2
移动通信	2	2	0	0	0	0	0	0	0	1	0	0	2	0	0
可穿戴设备	1	0	0	0	0	0	0	0	0	0	0	1	2	1	0

	物联网	并行	医疗	复杂系统	虚拟现实	生物技术	法律	社交网络	技术奇点
	0	0	1	0	0	0	0	2	0
	0	0	4	0	0	2	0	2	0
	0	0	3	0	0	0	0	1	1
	0	0	1	0	0	0	0	0	0
	0	0	3	0	0	1	0	0	0
	0	1	2	0	0	0	2	0	0
	0	2	2	0	0	0	1	0	0
	2	0	2	1	0	0	0	0	0
	0	1	0	0	1	2	0	1	0
	1	0	0	0	0	0	0	0	0
	1	1	1	0	0	0	0	0	0
	2	0	1	0	0	0	1	1	0
	0	0	1	1	0	1	1	1	0
	0	1	2	0	0	1	1	0	0
	1	0	0	0	0	0	0	0	0

注：此表为笔者独立统计编制，可能并不严谨，仅供分析人工智能研究趋势。

　　并未想过通过此表就能判断人工智能研究课题的变化，毕竟全世界范围内未列在此表中的研究还有很多，所以仅供参考。本书中提到的大多数课题，在 15 年前已经备受关注。并且，有的已经实用化，有的转变成新的课题，都是极其重要的内容。例如，神经网络应用于深度学习中。

　　深度学习出现之前，大数据分析以统计学方法[⊖]为主流。此外，机器翻译等涉及自然语言的领域中，本体论[⊜]、语料库[⊜]、词库[⊜]等研究正在持续深入进行。

　　由此，人工智能研究的大多数底层技术此前已经形成基础，目前正在相互关联。如今，深度学习受到关注，但其他领域今后仍有再次受到重视的可能性。深度学习虽说不用人类提供任何内容，但以无限的大数据作为数据基础仍然需要漫长的学习时间。如果出现这种情况，或许就需要人类为其指明关键点，实现短时间内高效学

⊖ 利用了统计机器学习等基于贝叶斯概率的聚类方法。

⊜ 本体论（Ontology）：即存在论，是指对数据的理解并不停留于字面，已深入理解至含义层面的原理研究。为了将数据合成为真实可用的知识，必须研究原理。目前，深度学习为主的绕开烦琐含义、直接导出结构的方法备受推崇。但是，本体论研究涉及对人类常识的思考，仍然非常重要。

⊜ 语料库（用例集、文例集）：机器翻译中不仅需要考虑语法层面，参考日常单词的使用方法也很重要。语料库是一种将报纸、书籍、杂志、互联网上的所有文本进行数据化的尝试。其重要性在 20 世纪 60 年代开始逐渐突显，100 万英语单词构成的 Brown Corpus 是其雏形，最初的例文仅有 500 个左右。之后，英语圈逐渐扩大语料库的构建，Bank of English 目前（2015 年）已达到 45 亿句，并且还在持续升级。日本国立国语研究所推动的 KOTONOHA 计划，目前也达到 1 亿句。并且，计划将来更多关注互联网及古典文化，达到 100 亿句。

⊜ 词库（知识宝库、同义词辞典）：为了使计算机能够理解文本的含义（不仅限于字面意思），必须根据使用的文理改变单词的微妙差异，即应当考虑单词背景中包含的常识性知识。这种思路比语料库出现的更早，仅凭普通单词辞典无法翻译，日本在 1964 年由国立国语研究所开始制作分类词语表，包括出版社在内也编制了许多辞典。分类词语表目前还作为书本售卖，且已形成数据库化，由 10 万份记录构成。并且，也有将常识形成数据库化的计划"Cyc"。

习。由此，说不定统计学方法也会重新启用，或者在有限范围内通过知识表示及本体论，重新恢复专家系统。

即使研究在一定程度达到极限，也不会丧失信心。达成目的总会遇到极限，关键在于获得有利成果，并期待以后的进步。

1.3 人工智能技术的初步考察

之所以认为人工智能技术与普通的计算机程序不同，是因为人工智能的动作近似于人类。我们需要初步考察如何面对这些技术。

1.3.1 俯瞰人工智能技术

上一节中介绍了人工智能的各种研究课题，但除了流行的机器学习以外，具有实用价值的人工智能技术还有很多。本节将对身边常见的人工智能技术的关联性加以整理。

如前所述，人工智能并不是固定领域，而是某种技术成熟之后形成独立领域。所以，很难全面展示人工智能技术。虽然无法实施历史追溯及详细分析，但整理汇总之后（见图 1-6），能够大体掌握人工智能技术如何利用。当然。图中无法涵盖人类的所有知识活动。从机器化、自动化的观点考虑，可能会出现更多新技术。

目前 AI 应用领域广受关注的包括汽车无人驾驶、机器人、医疗领域等，运用到深度学习为主的许多人工智能技术。商业方面更认为游戏算法、智能体等思想必将支撑社会体系、经济体系的发展。

并且，通过多种技术的组合，可能会给我们带来更多方便。例如神经网络和模糊理论的组合，能够对自然语言的模糊表达进行关联运算。此外，通过深度学习和指示标识的组合，可期待实现符合人类尝试的学习，以及全新专家系统的发展⊖。

⊖ 为了通过 AI（深度学习）实现熟练技术的传承，2019 年度日本经济产业省预算投入 18 亿日元。或许能够通过深度学习克服以往专家系统的难题。

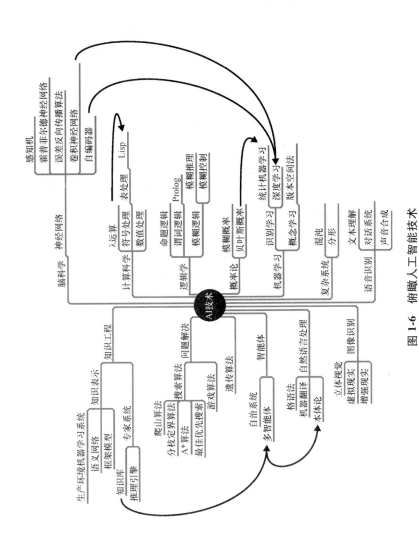

图 1-6　俯瞰人工智能技术

1.3.2　人工智能和人类的关系

如果将人工智能视为工具，同其他科学技术一样，人工智能技术也能使社会生活变得更加方便、丰富，而不是否定人类。任何科学技术都存在创造和破坏的两面性，对于人工智能技术，合理利用就能创造价值，错误使用就会招致破坏。即使通过深度学习能够提取到意想不到的特征，最终仍然需要由人类判断是否符合常理等。

思考人工智能技术的优点利用时，如何反映开发者或使用者的意图是至关重要的。在 1.3.1 节中俯瞰了各种人工智能技术，但任何技术都应该以某种目的而被利用，且不得违背人类的意图。此外，人类能否正确掌握结果的合理性也很重要，至少必须判断出结果是否符合既定目的。当然，由于偏见或过分依赖常识，导致丧失深度学习宝贵成果的情况另当别论。任何技术既要考虑方便性，人类的意图及结果的合理性也是重要条件，必须综合考虑与各种技术的关系。

图 1-7 所示为人工智能技术合理利用图谱，横轴为"人类意图的反映"，纵轴为"结果合理性的判断"，试着表达各种技术[⊖]。此图能够表达以下几点。

① 目前，深度学习难以实现意图反映、合理性判断。

② 通过事先学习，能够将深度学习引导至期待方向。但是，仍

⊖　此图（产品组合矩阵）是一种用于经营分析的方法，横轴为市场占有率（左侧大），纵轴为增长率（上侧大），绘制各技术及产品的示意图。由此，产品的生命周期从右上（第一象限）逆时针转动至右下（第四象限），可分辨出应该如何投入经营资源。也可在横轴及纵轴中加入重要条件，就能将相关关系可视化利用。并且，绘图时还可通过圆形大小、形状及颜色等表示其他条件，作为客观判断的方便工具。从方便性及成本的观点考虑，任何技术都很难分清优劣。所以，着眼于"使用过程中反映人类意图的难易度""结果合理性判断的难易度"这两点。此外，圆形大小并没有特定含义，可视为关注度。

然难以判断结果。

③ 以前的学习（强化学习及概念学习）通过人类给予报酬及正例，就能反映意图。

④ 模糊理论容易事先意图反映、结果判断。

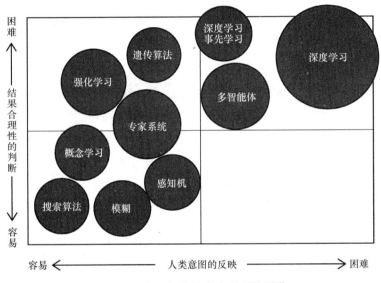

图 1-7　人工智能技术合理利用图谱

伴随近年来深度学习的高速发展，似乎陷入"人工智能 = 深度学习"，或者"深度学习就是人工智能"的感觉。但是，人类的智力活动不仅限于类别，人工智能的涉及范围广泛。人类的思考基于逻辑推理，绝不能不明就里。并不是身边所有问题都能通过深度学习解决，也许其他方法更合适，并且验证深度学习导出结果时各种人工智能技术也会有所帮助。

本书中所说人工智能技术都是非常深奥的专业领域。但是，任何技术不仅可以单独使用，通过与其他技术配合使用，可能发挥更好的效果。

1.3.3　模拟的线索

人类的智力活动并不基于正确数值的判断，看似合理，但大多依据并不严谨的标准。例如以下情况：

① 即使书写潦草的字母，也能分辨出写的内容。

② 风扇、换气扇等并非数值管理的工具，也能顺利操控并保持房间内舒适。

③ 从家里到车站的路线有许多条，但人脑能够考虑有无商店、交通量、有无坡道等情况，从庞大的组合中轻松选择路线。

④ 下棋时能够预判解读许多步，即使无法预判，也会下出认为对自己有利的棋招。

⑤ 无论对有钱人还是被许多孩子围着的人，都会认为对方生活富足。

⑥ 人脑存储知识，无法记忆的内容存储于笔记本或图书馆中，形成整理信息的习惯。

如果通过计算机进行常规处理，会出现以下情况：

① 必须使用阿拉伯数字在标记纸（答题纸）上书写，潦草的字母无法识别。

② 测量周围气温，调节空调以达到设定温度，但温度正确并不能说明舒适。

③ 对各条路线打分，考虑所有组合，选择得分最高的组合。

④ 解读对手下一步的所有可能性，并选择对自己最有利的棋招。

⑤ 如果没有事先设定富足的标准，则无法判定什么是富足。

⑥ 利用大量的外部记忆媒体存储数据。但是，搜索过程烦琐。

本书的第 2 章之后所述的人工智能底层技术存在以上人类智力活动，但体现在计算机上或许并不是严谨的活动。

如果分别诉求根源，可参考以下研究课题（见图1-8）。

图 1-8 本书中提及的人工智能技术的示意图（部分）

① 神经网络（矩阵运算）。

② 模糊控制（图表合成）。

③ 遗传算法、搜索算法（数值计算）。

④ 游戏算法（数值计算）。

⑤ 机器学习（编码处理）。

⑥ 知识表示、专家系统（编码处理）。

上述括号内表示深入根源的基本操作。当然，真正的人工智能软件并不是这样的基本操作，如同半导体收音机与集成电路的差异一般，复杂程度有着天壤之别。但是，初步考虑，这样的基本操作也能实现一定程度的人工智能。在不了解深层原理时，可能感觉符合人工智能。但是，一旦稍微涉及深层原理，就会明白或许仅仅是常规的计算机科学。但是，希望读者不要再问什么是人工智能。

如之前所述，人工智能本身并不是研究领域，而是底层技术的统称。而且，随着底层技术的升级独立，也有可能脱离人工智能的概念。因此，区分一项技术是否为人工智能并没有意义。其实，任何技术都是人工智能的底层技术。

第 2 章之后，通过模拟示例理解几种底层技术的基本操作。如未理解基本操作，那么人工智能技术如同魔法世界一样难以想象。所以，希望通过操作计算机软件，实际感受人工智能。当然，这种模拟称不上真正的人工智能软件。但是，全少能够让人明白人工智能是通过软件实现的世界。

第2章

机器模拟人类大脑 =神经网络

人工智能就是机器对认知原理的模拟。人脑由神经细胞"神经元"连接构成，如果模拟这种结构制作计算机，就能模拟人脑活动。神经网络基于这种思想诞生，并得到发展。人脑活动并非只依靠神经元，所以这种思想是有局限性的。但是，神经网络能够办到普通步骤化程序无法实现的事情，例如关联⊖、通过学习升级、数值处理中的多项计算并行处理等，应用范围广泛。近年来备受关注的深度学习⊖的原理，也是以神经网络为基础。

为了掌握神经网络的工作原理，本章对感知机、霍普菲尔德网络等初期设计的具有代表性的神经网络进行模拟。并且，使用字母识别作为例题。如果是手写字母，还需要其他复杂的技术条件（特征提取⊖等）。所以，此处选择有限的输入方法进行思考。但是，即

⊖ 关联（Association）：从类似现象限定目的现象，并不是某种现象本身。例如模式匹配，就是在部分完全相同时剩余部分也视为相同的限定方法。但是，如果是关联，即使微妙差异也能限定。

⊖ 深度学习（Deep Learning）：早期的神经网络，人类参与是其得以运用的前提。但是，如果是深度学习，只需给定数据，在人类不参与的条件下也能获得所需结果。即，接近人脑活动，或者能够产生人脑无法考虑到的结果。参见第1章及第8章。

⊖ 特征提取：将字母的笔画定义为特征，并以此特征识别输入模式。为了区分各种字母，应关注的特征需要由人类提取。但是，这种作业非常烦琐，深度学习则能自动进行特征提取。

便如此也能体验到关联的趣味，并理解手写字母识别及各种应用技术的基本原理。

模拟示例一：利用感知机识别字母（轻微扭曲的字母也能通过人工智能正确识别）

1. 下载文件

访问示例下载网址（https：//www. shoeisha. co. jp/book/download/9784798159201），下载 Excel 操作示例程序文件：Ex1_Perceptron 字母识别 . xlsm。

在本书的模拟示例中，我们将进行人工智能各种技术的模拟。首先，尝试使用 Excel 操作示例程序文件（仅需简单的输入及鼠标操作）。模拟之后，笔者会对其原理及术语等进行详细说明。

感知机是最早的神经网络。此处，试着制作能够识别 26 个英文字母的模拟方式。即，制作能够记忆 26 个英文字母中任意一个的网络，并关联通过任意输入模式记忆的字母。

识别全部 26 个字母耗费时间过多，所以示例程序尽量控制在计算机可轻易执行的范围内。因此，即使无法一次记忆多个字母，也能实际体验感知机的趣味。如果几个字母不够，可打开新的 Excel 工作表进行各种尝试。

2. Excel 工作表的说明

【Dot Pattern】工作表：所记忆字母的模式（各字母使用 7×5 的单元格范围）。

【Perceptron】工作表：模拟的说明。

【Percep】工作表：感知机进行字母识别的模拟。

3. 操作步骤（见图 2-1）

① 打开【Percep】工作表，在想要记忆的字母前输入"＊"（每次记忆 3 个字母以内）。

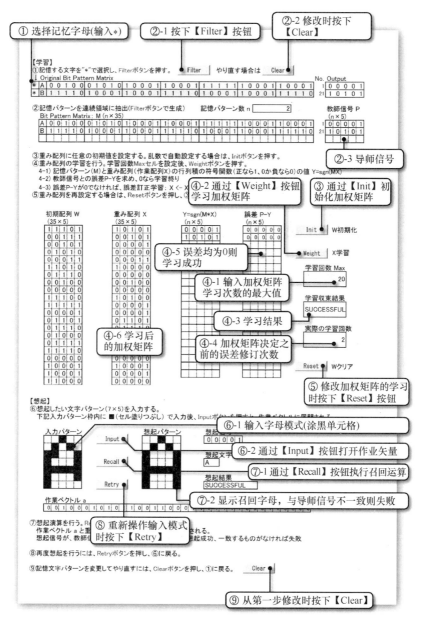

图 2-1　利用感知机识别字母的操作步骤

② 按下【Filter】按钮，导师信号设定完成。需要修改时，按下【Clear】按钮。

③ 按下【Init】按钮，初始化加权矩阵。

④ 输入加权矩阵学习次数，按下【Weight】按钮。显示出学习结果、学习后的加权矩阵。

⑤ 需要修改加权矩阵时，按下【Reset】按钮。

⑥ 输入字母模式（将单元格填充为黑色以形成字母图案），按下【Input】按钮。即使字母图案稍微扭曲，仍可以与感知机相关联。涂黑字母图案参照【Dot Pattern】工作表。

⑦ 按下【Recall】按钮之后，字母图案的召回运算开始执行，并显示召回图案。当与导师信号不一致时，召回失败。

⑧ 再次操作输入按钮时，按下【Retry】按钮。

⑨ 从第一步重新修改时，按下【Clear】按钮。

4. 注意事项

1）所记忆字母可任意选择，但同时最多记忆 3 个字母。字母数量太多，则无法顺利记忆。

2）"Bit Pattern Matrix M"是指横向列出各字母的记忆模式排序，纵向列出记忆个数。

3）学习至加权矩阵能够输出导师信号，即重复学习至误差 P-Y 达到 0。但是，如果要记忆字母较多，则误差 P-Y 无法达到 0。此时，记忆字母视为线性不可分离，学习失败。所以，并非【Reset】，而是通过【Clear】从选择记忆字母开始修改。加权矩阵并不是一成不变，会根据初始值而变化，可进行各种尝试。

4）记忆字母的模式通过【Dot Pattern】工作表确认。输入模式与记忆字母的模式相同或稍有差异均可。按下【Input】按钮之后，将 7×5 的输入模式矩阵设定为横向排列一行的作业矢量 a。

5）执行召回运算（【Recall】按钮）：如果作业矢量 a 和加权矩

阵 X 的矩阵乘积（依据编码，各条件为 1 或 0）与记忆模式数组 M 的任意行一致，则召回与该行对应的记忆模式。输入模式与任意记忆模式相同时必须召回该字母，即使稍有差异也会召回相近的字母。因此，上述过程就是关联。如果与任意记忆模式不一致时，则召回失败。召回运算结果在召回模式中显示。

此模拟方式难以一次记忆 26 个字母。但是，可通过以下方式试着增加字母数量。

选择记忆字母的 "Original Bit Pattern Matrix"（工作表内的①）右端的 "Output" 设定栏部分变更之后，记忆的字母模式变为线性可分离[⊖]。线性可分离的判断基准在本文中也有少量涉及，但实质内容非常深奥。所以，如果仅仅是尝试加权矩阵的学习，误差达到 0 即可。

模拟示例二：利用霍普菲尔德神经网络识别字母（严重扭曲的字母也能通过人工智能正确识别）

1. 下载文件

访问示例下载网址（https：//www.shoeisha.co.jp/book/download/ 9784798159201），下载 Excel 操作示例程序文件：Ex2_HopfieldNet 字母识别.xlsm。

在此，试着通过霍普菲尔德神经网络识别 26 个英文字母。霍普菲尔德神经网络也是最早设计的神经网络之一，感知机难以实现的部分也得到改进，例如记忆字母模式的线性可分离、关联的灵敏度[⊜]等。

⊖　线性可分离：是指记忆模式整然有序。否则，加权矩阵的学习变得混乱无序，无法收敛。

⊜　灵敏度：输入的微小变化，会导致输出巨大变化。灵敏度越高，关联结果未必越接近。

处理规模扩大至全部 26 个字母，此处记忆 1 个字母最少需要 7×5＝35 个节点数[⊖]。因此，同时只能记忆几个字母。但是，经过确认，即使严重扭曲的输入，也能关联到最接近的字母。

2. Excel 工作表的说明

【Dot Pattern】工作表：所记忆字母的模式（各字母使用 7×5 的单元格范围）。

【Hopfield network】工作表：模拟的说明。

【Hop】工作表：霍普菲尔德神经网络进行字母识别的模拟。

3. 操作步骤（见图 2-2）

① 打开【Hop】工作表，在想要记忆的字母前输入"＊"，按下【Filter】按钮。需要修改时，按下【Clear】按钮。

② 按下【Weight】按钮之后，计算加权矩阵。

③ 输入字母图案（将单元格填充为黑色以形成字母图案），按下【Input】按钮。即使字母模式稍微扭曲，通过霍普菲尔德神经网络也能成功关联。涂黑字母图案可以选择参照【Dot Pattern】工作表。

④ 输入重复召回运算的最大次数，按下【Recall】按钮。显示出召回模式、召回结果、运算次数。

⑤ 再次操作输入按钮时，按下【Retry】按钮。

⑥ 从第一步重新修改时，按下【Clear】按钮。

4. 注意事项

1）加权矩阵为各记忆字母模式矢量的直积之和。

2）记忆字母的模式通过【Dot Pattern】工作表确认。输入模式与记忆字母的模式相同或稍有差异均可。按下【Input】按钮之后，设定表示节点状态的节点矢量 a 被设定，这是一个单行排列的输入字母模式阵列。

⊖ 节点数：构成网络的节点数量。

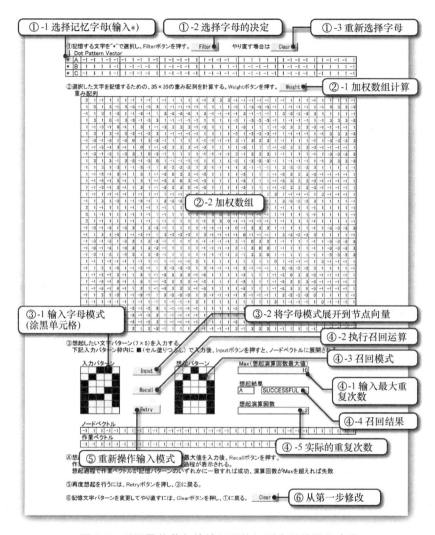

图 2-2　利用霍普菲尔德神经网络识别字母的操作步骤

3）节点矢量作为初始模式不会变化，召回运算的结果显示作业矢量及召回模式。召回运算是指计算作业矢量和加权矩阵的矩阵乘积，其结果与记忆模式数组 **M** 的任意行一致，则召回运算成功。否则，重复召回运算，当重复次数超过 Max（召回运算次数的最大值）时召回失败。

增加记忆字母数量时，需要增加节点数量，且通过更小的点细致定义字母模式。按照记忆字母数量 10 倍左右的节点数量，26 个英文字母就是 260 个节点。即，只要准备 16×16 的点模式，如此简单的加权矩阵也能同时记忆 26 个英文字母。此时，Excel VBA 宏程序也需要修改。

模拟示例三：自编码器识别○×（即使不清楚正确答案也能通过人工智能自行认知）

1. 下载文件

访问示例下载网址（https://www.shoeisha.co.jp/book/download/9784798159201），下载 Excel 操作示例程序文件：Ex3_Autoencoder.xlsm。

上述两种模拟均已给出各字母模式对应的输出模式。接下来，试着模拟在不提供输出模式条件下识别字母的自编码器。

自编码器能够通过以近年来备受瞩目的深度学习为基础的神经网络，依据数据特点准确识别输入数据。但是，此处难以识别字母，所以识别○×模式。

2. Excel 工作表的说明

【Autoencoder】工作表：模拟的说明。

【Pattern】工作表：输入数据模式的设定。

【Default】工作表：输入数据模式（1 个字母使用 5×5 以内的单元格范围）。

【AE】工作表：模拟通过自编码器识别○×。

【WK】工作表：同一模拟过程中使用的工作区域。

3. 操作步骤（见图 2-3）

① 通过【Pattern】工作表，设定输入数据模式。通过最上方的选择按钮选择"Default"的模式，依次按下【PClear】【Convert】按钮，即可设定"Bit Pattern Matrix"。上方的模式显示区域可以直接手动操作填充单元格进行设定，并替换【Default】工作表中的数据。此时，还应设定"数据量（竖、横）"和"数据大小"。

② 切换画面下方的选项卡，显示【AE】工作表。当网格形状通过【Pattern】工作表的"Default"栏中选择时，则网格形状设定完成。但是手动操作设定时，需要输入所需网格形状（各层的节点数）。

③ 按下上方的【Clear】按钮之后，"学习模式"区域中显示步骤①设定的"Bit Pattern Matrix"。实际用于学习的模式（行单位）的左侧输入"∗（半角）"，并按下【Filter】按钮。"学习模式"区域中显示所需行，可设定"学习数据数"。如果 1 个"∗"也没有输入，则视为全部选择。

④ 设定"各层的最大学习次数"。选择【Default】时，自动设定。并且，请注意并不是次数越多学习精度越高。

⑤ 按下【Init】按钮之后，各层的加权矩阵可通过随机数进行初始设定，工作区域也被取消。

⑥ 按下【Learn】按钮之后，自编码器开始学习。过程显示"学习次数"及"误差率"，且建议误差率达到 0%。在此之前按学习次数重复之后，以此状态进入下一步。计算过程记录于【WK】工作表的工作区域，但各层节点的值（M）和加权矩阵（W）适当显示于【AE】工作表中。此外，步骤⑤及⑥可任意重复执行。

⑦ 下方的【学习结果】中显示识别结果。识别结果通常分为 4 种，各分类的输入数据模式合并，在【分类模式】区域中显示。并且，建议目视确认识别效果。

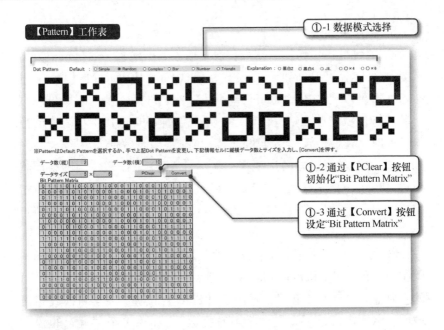

【Pattern】工作表

①-1 数据模式选择

①-2 通过【PClear】按钮初始化"Bit Pattern Matrix"

①-3 通过【Convert】按钮设定"Bit Pattern Matrix"

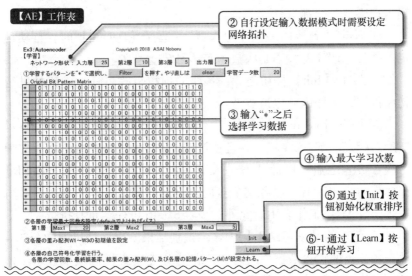

【AE】工作表

② 自行设定输入数据模式时需要设定网络拓扑

③ 输入"*"之后选择学习数据

④ 输入最大学习次数

⑤ 通过【Init】按钮初始化权重排序

⑥-1 通过【Learn】按钮开始学习

图 2-3　自编码器

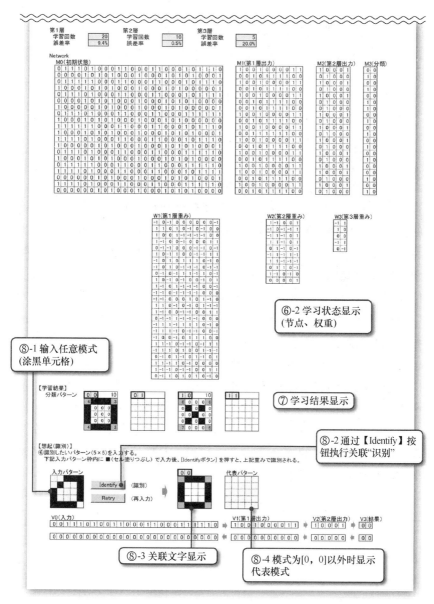

⑥-2 学习状态显示
(节点、权重)

⑧-1 输入任意模式
(涂黑单元格)

⑦ 学习结果显示

⑧-2 通过【Identify】按
钮执行关联"识别"

⑧-3 关联文字显示

⑧-4 模式为[0，0]以外时显示
代表模式

识别○×的操作步骤

59

⑧ 接着，利用此分类结果，识别（关联）任意输入数据。设定输入模式，按下【Identify】之后即可识别。此时，还会同时显示代表模式。代表模式是指代表这种分类的数据模式，但未必是最佳模式，仅供参考。此外，步骤⑧可任意重复执行。

4. 注意事项

1）模拟开始时，必须依据操作步骤执行。之前状态未完成，中途操作无法正常运转。

2）完成步骤①之后，步骤⑤之后的操作能够任意重复。

由于此模拟的规模小，加权矩阵精度或许不佳。根据加权矩阵的初始值，识别结果（输出模式的值）有所变化。试着重复操作步骤⑤之后，会发现输出结果不一定。即便如此，无论输出任何结果，○×的识别能够准确执行。

【Pattern】工作表中，还可输入○×以外的数据模式，作为"Default"模式。但是，不如○×识别运行得那么顺利。这是由于这种模拟的局限性，但在实际理解自编码器原理的前提下，无法顺利运行也是一种重要启示。相关说明参见第 2 章及第 8 章。

通过以上内容，已对 3 种神经网络的模拟有所了解。但是，这些模拟成立的前提均为以矩阵的积和运算为核心的单纯数值计算。当然，真正的人工智能软件会利用更高深的数学知识。但是，作为理解深度学习为主的神经网络入门知识，希望读者能够通过这些示例实际体验基本的原理。

2.1　人脑模型和神经网络的思路

如本章开头所述，人脑由神经细胞（神经元）连接构成。本节中，通过计算机模拟人脑的模型，思考神经网络。

2.1.1　人脑建模

人脑由许多神经细胞连接构成，将其建模之后就是麦卡洛克·皮特斯模型[⊖]（沃伦·麦卡洛克和沃尔特·皮特斯，1943）。这种模型是通过突触将许多神经元的输入信号传递至一个神经元，当这些信号之和超过一定强度时，此神经元被触发[⊜]，并借助轴索将信号传递至与自己相连的其他神经元（见图 2-4）。

将其公式化，可通过下式表示。

$$\text{输出} = f(\textstyle\sum W_i X_i) \tag{2-1}$$

式中　　W_i——神经元之间的连接强度；

X_i——各神经元的输入信号。

此处，f 为激活函数，输入信号的总和决定是否触发。最简单的就是阈值函数，总和超过一定值（阈值）时触发，低于一定值时

⊖　据说人脑有 140 亿个脑细胞。但是，相比人体由 60 万亿个细胞构成，脑细胞显得非常少。以计算机为例，或许认为其内存容量为 2GB（160 亿 Bit）。但是，计算机的 Bit 为二进制（0 或 1），数据量为 2160 亿。此外，由于实际时神经胶质细胞（并非神经元）的作用，即使人脑的神经元触发（1）或不触发（0）的二进制输出信号，输出信号也能接近连续信号，而非离散信号。其次，1 个神经元与其他 20 万个神经元连接，各神经胶质细胞相互关联之后，数据量达到难以想象的 $(2 \times 10^5)^{1.4 \times 10^{10}}$ 规模。人脑活动不仅是神经元数量的问题，还有尚未研究清楚的生理因素，通过神经元模型可实现的范围仅限人脑活动的一部分。

⊜　触发（fire）是指神经元兴奋之后发送输出信号的状态。麦卡洛克·皮特斯模型中，输出信号以 1 或 0 表示。

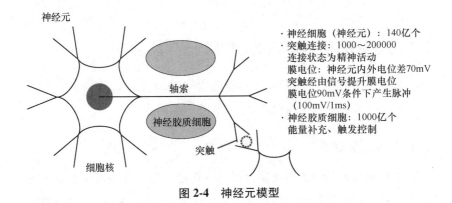

神经元

轴索

神经胶质细胞

突触

细胞核

· 神经细胞（神经元）：140亿个
· 突触连接：1000～200000
  连接状态为精神活动
  膜电位：神经元内外电位差70mV
  突触经由信号提升膜电位
  膜电位90mV条件下产生脉冲
  （100mV/1ms）
· 神经胶质细胞：1000亿个
  能量补充、触发控制

图 2-4　神经元模型

不触发（见图 2-5）。

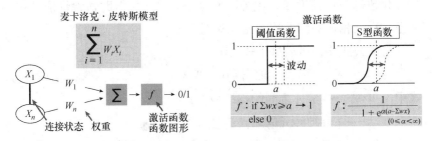

图 2-5　麦卡洛克·皮特斯模型

2.1.2　神经网络的结构

神经网络是指通过计算机元件构成的节点作为神经元，并由信号线连接各节点。节点的连接方式大致分为以下两种（见图 2-6）。

① 层级结构型：呈层级状排列节点，各台阶之间的节点完全连接⊖，但台阶内不连接。

⊖　完全连接是指各节点与其他所有节点连接，设节点数量 n，则接线的数量就是 $\frac{n(n-1)}{2}$ 根。

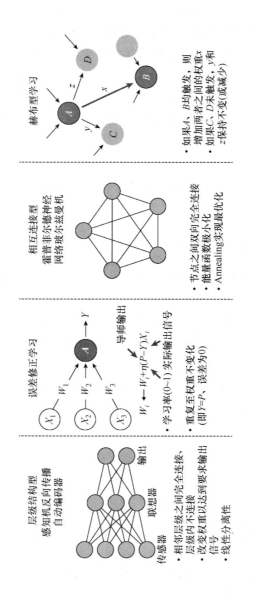

图 2-6　神经网络的形态及学习方式

② 相互连接型：所有节点对等连接，完全连接。

层级结构型的线的数量较少，且信号的传递具有方向性。所以，是一种接近人脑神经元信号传递的网络。基于这种思路，最早设计成型的就是感知机（弗兰克·罗森布拉特，1958），但适用条件存在局限性。之后，出现了相互连接型的结构，这种结构的信号传递无方向性，各节点的值和节点之间的加权（连接强度）使系统整体朝着稳定方向变化。而且，与是否模拟人脑不同，能够发挥出关联、组合最优化等接近人脑的作用，适用范围得以扩大。此外，相互连接型的代表为霍普菲尔德神经网络（约翰·霍普菲尔德，1982）。

2.1.3　神经网络的学习

神经网络的工作原理就是重复"学习"及"召回"等运算。

学习是指改变节点之间的加权⊖、激活函数⊖的形状。决定应记忆的状态时，将其作为导师信号⊖输入于网络中。同时，为了获得要求的输入信号，改变加权、激活函数即可。此外，如果没有导师信号，则改变加权等，使节点之间的触发状态能够维持系统整体的稳定。依据是否需要导师信号，分为"监督学习""无监督学习"。具有代表性的学习方式如下所示。

① 误差修正学习：更改使输入导师信号时的要求输出信号和实际输出信号相同（监督学习）。

⊖ 加权：表示节点之间的连接强度，通常以 0～1 之间的数值表示。但是，根据具体情况，也使用其他自由值。或者，也可视为节点之间的信号传递难易度。

⊖ 激活函数：依据麦卡洛克·皮特斯模型，相对于输入信号总和决定最终输出值的函数。通常使用阈值函数（输入信号超过某个值时输出 1，未超出时输出 0），所以名为激活函数。但是，也可使用 S 型函数，未必离散输出。

⊖ 导师信号：需要记忆于网络中的信号模式。针对某种输入信号而决定的输出信号，即成对的数据。

② 赫布型学习：如果相邻的神经元均触发，则更改增加其加权（无监督学习）。

不仅限于监督学习，无监督学习也能用于内部。监督学习/无监督学习的说明参见第 8 章。

2.1.4　神经网络的召回

将任意数据（节点的初始状态）输入于已完成学习过程的神经网络之后，网络启动并获得某种输出信号（节点的最终状态）。这个过程就是召回。

层级结构型的召回是指一次召回运算之后，获得导师信号相应的输出信号则召回成功，未获得则召回失败。此时，输入信号与导师信号完全一致时，必然能够获得导师信号相应的输出信号。输入信号与导师信号不同时，有可能获得与某个导师信号一致的输出信号，也有可能获得未预想的输出信号。即使输入信号与导师信号不同，输出信号仍然与导师信号一致的情况就是关联。

与其相比，相互连接型的召回通常是指重复召回运算，使系统整体达到稳定状态。系统的稳定状态是指即使重复召回运算，各节点的值也不会变化的状态。此时，与记忆内容一致则召回成功，否则召回失败。失败时，召回运算不受约束，可能陷入重复几次相同节点的状态。此外，也有可能出现召回运算受到约束，但并非所要求节点的状态。后一种状态称作"局部最优解$^{\ominus}$"，且为了获得"全局最优解$^{\ominus}$"，玻尔兹曼机（杰弗里·辛顿）也被设计出来。

相互连接型是重复召回运算，所以善于关联。即使针对稍有偏

$\ominus$ 局部最优解：并非期望的解答，但局部范围可以解答。属于召回算法的术语，召回算法参照第 6 章。

$\ominus$ 全局最优解：整体考虑的最佳解答。同样属于召回算法的术语。

差的输入信号，也能获得某种关联结果。所以，可代替烦琐的模式识别[⊖]等特征提取方式，用于限定相似物体的技术中。

接下来，开始具体了解感知机和霍普菲尔德神经网络的学习及召回。

⊖ 模式识别：通过数据（图像、语音、文字等）提取某种形状等定义。

2.2　感知机（Perceptron）

感知机是弗兰克·罗森布拉特于 1958 年设计而成的，是最早的初级层级型网络。通过感受单元（Sensory Unit）、联合单元（Association Unit）、响应单元（Response Unit）等节点层级构成的 3 层结构，感受单元和联合单元是加权固定的完全连接，联合单元和响应单元是加权可变的完全连接。

信号沿着一个方向传递，从感受单元开始，经过联合单元之后到达响应单元。输入信号是指在感受单元的各节点中设定值，输出信号是指获得响应单元的各节点的值。

2.2.1　感知机的加权学习

对比输入导师信号，感知机的学习是通过改变联合单元和响应单元之间的加权，并以此输出要求信号。要求信号为 1 却输出 0 时提升加权，反之则降低加权。重复此操作以促进加权的学习，最终决定能够对应多组导师信号的加权。但是，同时利用多组导师信号会产生干扰，加权变得难以调整。如果导师信号恰好是线性可分离⊖的，则学习必然收敛（学习收敛定理）。相反，如果信号线性不可分离，则陷入混乱无序状态，很有可能出现学习无法收敛的情况。

2.2.2　感知机的加权学习的具体事例

试着通过联合单元 3 节点、响应单元 2 节点的感知机，具体体验加权的学习（见图 2-7）。

⊖　线性可分离：是指井然有序的状态。具体来说，是指将导师信号排列于平面时，可分配成一条直线。导师信号置于三维空间时，可分配成一个平面。但是，通常难以判断信号是否线性可分离。

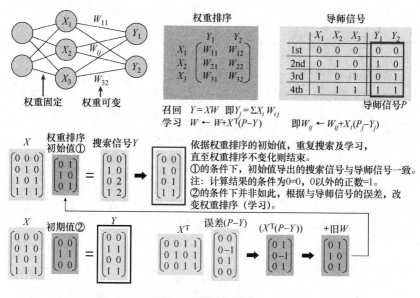

图 2-7 感知机的学习

感受单元与加权学习无关，此处并不考虑。通过 3×2 型的矩阵 W 表示联合单元和响应单元之间的加权，即加权矩阵。加权矩阵的各条件，就是设置于联合单元和响应单元的各节点相连的线上的加权（也可认为是信号线的电阻）。

导师信号中，具有 4 种数据。各数据为联合单元的各节点的值（X_i）对应的响应单元的值（Y_j）。通过输入 X_i 和加权矩阵 X，依据式（2-1）可计算输出 Y_j。X_i 和 Y_j 的关系如同导师信号，通过调整 W 的各条件实现加权的学习。

一组导师信号的 $[X_i]$ 视为 3 要素矢量，依据式（2-1）可进行矢量和矩阵的乘积计算，可获得 2 要素矢量 $[Y_j]$。此处，积和运算的结果为 0 时激活函数 f 为 0；结果为正值时激活函数 f 为 1（0 为阈值的阈值函数）。

为了在第一组导师信号的输入 [000] 条件下获得输出 [00]，W 的条件可以都是 0。但是，如此一来，无法在第二组导师信号 [010] 条件下输出 [10]，必须将 W 的任意一个条件设定为 1。同样，对于第三组或第四组导师信号，W 应同样处理。因此，如果将导师信号的输入部分表示为 X，输出部分表示为 Y，则导师信号可视为以下矩阵运算[○]。

$$Y = f(XW) \tag{2-2}$$

式中　W——加权矩阵；

　　　X——导师信号输入数据。

式（2-2）是由式（2-1）扩展而成，可一次性计算相应数量的导师信号。

2.2.3　误差修正学习

接下来，开始体验加权的学习。首先，准备任意 3×2 型的矩阵作为 W。如果利用式（2-2）求取 Y，或许得到与导师信号的输出（P）不同的结果。此时，求取两者的差（$P-Y$），将其反映于 W 中之后再次利用式（2-2）计算，以此重复直至 $P = Y$。$P-Y$ 为误差，调整加权使误差达到 0 就是误差修正学习。误差修正通常利用以下关系式。

$$W \leftarrow W + \eta X^{\mathrm{T}}(P-Y) \tag{2-3}$$

式中　η——学习率（$0 < \eta \leqslant 1$）；

　　　X^{T}——X 的转置矩阵。

学习率 η，其数值越大越需要误差修正，陷入混乱的危险也越高。模拟及此处的说明为了方便理解，设 $\eta = 1$。但是，实际上为了防止极端变化，学习率大多设定较小值。

———————

○　矩阵积是 WX 还是 XW，取决于从列矢量还是行矢量输出。此处按行矢量输出。

2. 2. 4　线性可分离

如果将当前使用的导师信号的输入 X 的各条件置于三维空间内，输出 Y 的各条件（0、1）在平面中可分离（见图 2-8a）。此处，试着考虑 Y 稍稍改变的导师信号。由此可知，再将 X 置于三维空间时，Y 可能无法在平面中分离（见图 2-8b）。如果依据图 2-8b 的导师信号进行加权学习，即使重复进行误差修正，W 也无法使误差达到 0。此时，无法记忆导师信号。

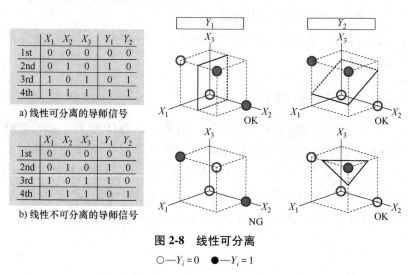

	X_1	X_2	X_3	Y_1	Y_2
1st	0	0	0	0	0
2nd	0	1	0	1	0
3rd	1	0	1	0	1
4th	1	1	1	1	1

a) 线性可分离的导师信号

	X_1	X_2	X_3	Y_1	Y_2
1st	0	0	0	0	0
2nd	0	1	0	1	0
3rd	1	0	1	1	0
4th	1	1	1	0	1

b) 线性不可分离的导师信号

图 2-8　线性可分离

○—$Y_i = 0$　●—$Y_i = 1$

此时，即使重复相同的误差修正学习，误差也不会消除，导致加权矩阵 W 不产生变化。即，相对于线性不可分离的导师信号，感知机的加权学习无法顺利进行。换言之，这种导师信号无法被记忆。

通常，难以判断导师信号是否为线性可分离。但是，作为一种指标，相对于输入 X 的各条件变化，在固定其他条件时，如果输出 Y 的各条件均单调变化，则可称之为线性可分离。

2.2.5 感知机的召回

召回时输入于感知机，是指在感受单元的各节点中设定数据。感受单元和联合单元之间与召回运算无关，所以此处试着使用之前的具体事例，在联合单元的节点中直接设定值，进行召回运算。

利用式（2-2），进行召回运算。f 为阈值函数，0 为阈值。

输入导师信号 X 相当的数据时，可获得 Y 相当的输出信号。但是，导师信号以外的输入会出现什么结果？此事例中具有 8 种输入模式，即使相对于导师信号以外的 4 种输出信号，也能获得某些输出信号。但是，希望能够获得最接近导师信号的输出。这就是感知机的关联，但与导师信号的差异会显著影响输出信号，关联的效果有限（见图 2-9）。

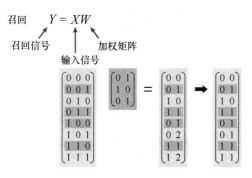

图 2-9 感知机的召回

2.2.6 通过感知机识别字母

为了具体了解感知机，试着识别非常简单的字母（见图 2-10）。

以 2×2 的 4 个单元格表示"J""I""L"这 3 个字母，将其记忆于联合单元 4 节点、感受单元 2 节点的感知机中。此时，矢量展

开 4 个单元格，可获得 3 种导师信号。将导师信号的输出设定为
"J""I""L"的编号（或包含此编号的字母排序的附加文字），有
2Bit 即可。所以，响应单元最好为 2 节点。

加权矩阵为 4×2 型的矩阵，从任意值开始，通过加权学习进行
收敛。使用此加权，可对 16 种输入信号进行召回，除了导师信号，
还输出"J""I""L"中最接近的信号。相对于无法判断的输入信
号，获得导师信号以外的输出（此处为 0）。这是非常简单的字母识
别，但能够以此了解感知机的学习、召回及关联。

通过这种方法，Excel 的模拟就能够识别 26 个字母。

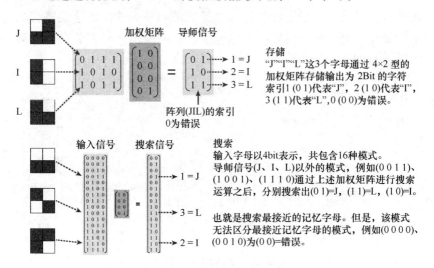

图 2-10　通过感知机识别字母

2.3　霍普菲尔德神经网络（Hopfield Neural Network）

霍普菲尔德神经网络是由霍普菲尔德于 1982 年设计的相互连接型网络。结构方面，各节点之间为双向完全连接，根据节点的值，定义以下能量函数 $^{\ominus}$。

$$E = -\frac{1}{2} \sum W_{ij} X_i X_j \qquad (2\text{-}4)$$

式中　W_{ij}——节点 i 和 j 之间的加权；

X_i、X_j——节点 i、j 的值。

2.3.1　霍普菲尔德神经网络的加权矩阵

定义：各节点的值相当于网络的记忆项目时，能量函数达到最小（或极小）。通过以下赫布型学习，可获得相应的加权矩阵 $W = (W_{ij})$。即，观察相当于记忆项目的各节点的值，进行以下操作。

1）对值相同的节点之间的加权进行提升。

2）对值不同的节点之间的加权进行降低。

W 的各元素 W_{ij} 表示节点 i 和 j 之间的加权，与信号的方向无关。因此，$W_{ij} = W_{ji}$，加权矩阵为对称矩阵。并且，加权矩阵的对角成分为同样的节点之间关系，$W_{ii} = 0$。

2.3.2　霍普菲尔德神经网络的召回

召回时，基本依据式（2-1）进行召回运算。与感知机不同的是，可重复召回运算。通过此过程，各节点的值朝向能量函数极小化的方向改变，能量函数的值达到极小值，直至节点的值不产生变

　　$\ominus$　能量函数：物理学中，通常是指两种物理量相互作用的概念。

化。最终的节点状态与记忆项目一致则成功，否则就是召回失败。召回运算包含时序性，如下所示。

$$X(t+1)=f[\boldsymbol{W} \cdot X(t)] \tag{2-5}$$

式中　　$\boldsymbol{W}$——加权矩阵；

　　$X(t)$——时序 t 对应的节点状态。

霍普菲尔德神经网络可以重复召回运算，适合应用于关联及组合最优化问题[一]。不存在感知机的线性可分离等条件制约，适用范围广，但能量函数的定义需要仔细考虑。缺点方面，如果通过召回运算能够获得能量函数的极小值，即使存在最合适的解（全局最优解），也可能无法获得。并且，如果记忆项目数比节点数多[二]，则无法顺利运行。能够解决这些缺点的就是后述的玻尔兹曼机。

2.3.3　霍普菲尔德神经网络的加权矩阵和召回的具体事例

试着具体制作霍普菲尔德神经网络的加权矩阵（见图 2-11），进行召回运算（见图 2-12）。

此处，相对于 5 节点，将记忆模式（各节点的值）分为两种。并且，节点的值为 1 或-1。依据式（2-5），f 为阈值函数。各条件的积和运算结果为正值则 $f=1$，小于 0 则 $f=-1$[三]。

制作加权矩阵时，使节点状态达到记忆模式时能量函数达到最小。作为一种方法，可直接将记忆模式的节点之间关系作为加权矩阵。具体来说，如下所示制作加权矩阵。

　⊖　组合最优化问题是指在没有解决问题所需算式的条件下，尽可能调查能够考虑到的状态，求取全局最优解的问题。

　⊜　记忆项目数量为节点数量的 15% 左右。

　⊜　之前认为节点的值为 1 或 0，或许有些不合适。但是，此处使用 1 和-1。实际上，1 和 0 也可以，但 1 和-1 容易制作加权矩阵。并且，阈值函数为正数则 $f=1$，为负数则 $f=-1$。

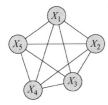

节点

	X_1	X_2	X_3	X_4	X_5
X_1	0	W_{12}	W_{13}	W_{14}	W_{15}
X_2	W_{21}	0	W_{23}	W_{24}	W_{25}
X_3	W_{31}	W_{32}	0	W_{33}	W_{35}
X_4	W_{41}	W_{42}	W_{43}	0	W_{45}
X_5	W_{51}	W_{52}	W_{53}	W_{54}	0

各条件为节点间的权重 $W_{ij} = W_{ji}$

加权矩阵的简易学习
(n个记忆模式)

$$W_{ij} = \sum_{k=1}^{n} X_i(k) X_j(k)$$

W_{ij}：节点i、j之间的权重
$X_i(k)$：节点i的第k号的值
n：记忆模式数 $1 \leqslant k \leqslant n$

记忆模式（2个）

	X_1	X_2	X_3	X_4	X_5
1st	1	-1	1	-1	1
2nd	-1	1	1	-1	-1

节点的值可以为1或0，
但此处为1或-1。

加权矩阵(简易方法)

$$W = \begin{bmatrix} 0 & -2 & 0 & 0 & 2 \\ -2 & 0 & 0 & 0 & -2 \\ 0 & 0 & 0 & -2 & 0 \\ 0 & 0 & -2 & 0 & 0 \\ 2 & -2 & 0 & 0 & 0 \end{bmatrix}$$

能量函数

$$\varepsilon = -\frac{1}{2} \sum_{i,j=1}^{5} W_{ij} X_i X_j$$

W_{ij}：节点i、j之间的权重
X_i, X_j：节点i、j的值

原本的加权矩阵学习在决定
权重W_{ij}时，使ε达到最小。

图 2-11　霍普菲尔德神经网络的加权矩阵

召回方法

$$X_i(t+1) = f\left(\sum_{j=1}^{5} W_{ij} X_j(t)\right)$$

活性化函数
结果为正则输出1、0
结果为负则输出-1

加权矩阵(简易方法)

$$W = \begin{bmatrix} 0 & -2 & 0 & 0 & 2 \\ -2 & 0 & 0 & 0 & -2 \\ 0 & 0 & 0 & -2 & 0 \\ 0 & 0 & -2 & 0 & 0 \\ 2 & -2 & 0 & 0 & 0 \end{bmatrix}$$

记忆模式(2个)

	X_1	X_2	X_3	X_4	X_5
1st	1	-1	1	-1	1
2nd	-1	1	1	-1	-1

输入：针对$X = (X_1\ X_2\ X_3\ X_4\ X_5)$，重复召回运算至$WX$同任意记忆模式一致。
每次重复召回运算时能量ε减少，逐渐稳定至最小值(记忆模式)。
如果无法进入记忆模式，则召回失败。

初始模式	初始ε	搜索运算		正值1,0负值-1	搜索后ε
$A = [\ 1\ -1\ 1\ -1\ 1\ ]$	$\varepsilon = -8$	$WA = [\ 4\ -4\ 2\ -2\ 4\ ]$	$\Rightarrow$	$[\ 1\ -1\ 1\ -1\ 1\ ] = A$	$\varepsilon = -8$
$B = [\ -1\ 1\ 1\ -1\ -1\ ]$	$\varepsilon = -8$	$WB = [\ -4\ 4\ 2\ -2\ -4\ ]$	$\Rightarrow$	$[\ -1\ 1\ 1\ -1\ -1\ ] = B$	$\varepsilon = -8$
$C = [\ -1\ 1\ 1\ -1\ 1\ ]$	$\varepsilon = 0$	$WC = [\ -2\ 2\ 2\ -2\ -4\ ]$	$\Rightarrow$	$[\ -1\ 1\ 1\ -1\ -1\ ] = B$	$\varepsilon = -8$
$D = [\ 1\ 1\ 1\ -1\ 1\ ]$	$\varepsilon = 0$	$WD = [\ 0\ -2\ 2\ -2\ 0\ ]$	$\Rightarrow$	$[\ 1\ -1\ 1\ -1\ 1\ ] = E$	$\varepsilon = 2$
		$WE = [\ 4\ -4\ 2\ -2\ 4\ ]$	$\Rightarrow$	$[\ 1\ -1\ 1\ -1\ 1\ ] = A$	$\varepsilon = -8$
$F = [\ -1\ 1\ 1\ 1\ 1\ ]$	$\varepsilon = 4$	$WF = [\ 0\ -2\ -2\ -2\ -4\ ]$	$\Rightarrow$	$[\ 1\ -1\ -1\ -1\ -1\ ] = G$	$\varepsilon = 4$
		$WG = [\ 0\ 4\ 2\ 2\ 4\ ]$	$\Rightarrow$	$[\ 1\ 1\ 1\ 1\ 1\ ] = H$	$\varepsilon = -4$
		$WH = [\ -4\ -4\ -2\ -2\ 0\ ]$	$\Rightarrow$	$[\ -1\ -1\ -1\ -1\ 1\ ] = I$	$\varepsilon = -4$
		$WI = [\ 4\ 4\ 2\ 2\ 0\ ]$	$\Rightarrow$	$[\ 1\ 1\ 1\ 1\ 1\ ] = H$	$\varepsilon = -4$

图 2-12　霍普菲尔德神经网络的召回运算

① 各记忆模式作为矢量，分别制作直积[○]矩阵。

② 求取各记忆模式的直积矩阵之和的矩阵。

③ 对角成分设为 0。

这种方法是一种不需要进行赫布型学习的简易方法，结果相对于记忆项目，却是最少能量的加权矩阵。

召回运算就是加权矩阵和输入模式（节点初始状态的矢量化）的积和运算。直至节点状态不变化，即重复至能量函数的值达到最小（或极小）。最终，如果节点状态与任意记忆模式一致，则召回成功。如不一致，则召回失败。但是，即便召回成功，也未必达到最近接的记忆模式（全局最优解）。

图 2-13 所示为各网络状态的能量函数的值。依据此图可知，相对于记忆模式达到最小值，召回过程中产生的模式（包括输入模式）则达到较大的值。能量函数的值达到最小值的状态为稳定状态，所以通过召回运算可以从不稳定状态转变至稳定状态。

如上述事例所示，如果只能通过矩阵运算制作加权矩阵，计算机上也能轻松构建霍普菲尔德神经网络。通常，定义能量函数之后以此决定加权矩阵非常困难。

2.3.4 霍普菲尔德神经网络应用于组合最优化问题

霍普菲尔德神经网络的"网络整体向稳定状态转换"的特性，适合解决组合最优化问题。

例如，图 2-14 所示为通过霍普菲尔德神经网络解决 8-Queen 的思路。8-Queen 问题是指在 8×8 的棋盘中放上 8 个 Queen，且避免互相攻击。并且，还能扩大到 $N×N$，即 N-Queen 问题。大致分析棋子布局种类，结果为 $_{64}C_8 ≒ 44$ 亿。但是，在各横竖列仅允许 1 个棋子

○ 直积是指横竖布置 2 个矢量，将各元素的积作为条件排列的矩阵。

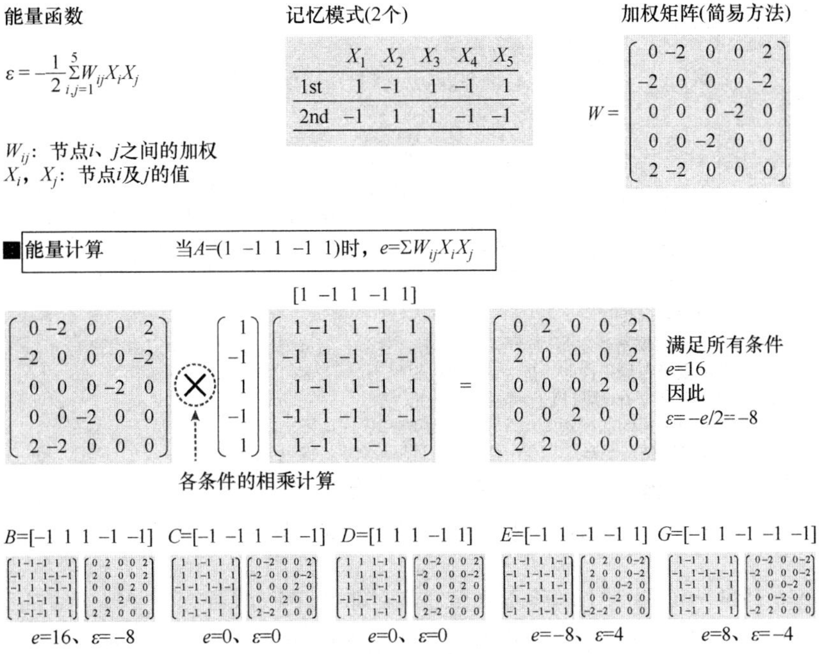

能量函数

$$\varepsilon = -\frac{1}{2}\sum_{i,j=1}^{5}W_{ij}X_iX_j$$

W_{ij}：节点 i、j 之间的加权
X_i, X_j：节点 i 及 j 的值

记忆模式(2个)

	X_1	X_2	X_3	X_4	X_5
1st	1	−1	1	−1	1
2nd	−1	1	1	−1	−1

加权矩阵(简易方法)

$$W = \begin{pmatrix} 0 & -2 & 0 & 0 & 2 \\ -2 & 0 & 0 & 0 & -2 \\ 0 & 0 & 0 & -2 & 0 \\ 0 & 0 & -2 & 0 & 0 \\ 2 & -2 & 0 & 0 & 0 \end{pmatrix}$$

■能量计算　　　　当 $A=(1\ -1\ 1\ -1\ 1)$ 时，$e=\Sigma W_{ij}X_iX_j$

$$[1\ -1\ 1\ -1\ 1]$$

$$\begin{pmatrix} 0 & -2 & 0 & 0 & 2 \\ -2 & 0 & 0 & 0 & -2 \\ 0 & 0 & 0 & -2 & 0 \\ 0 & 0 & -2 & 0 & 0 \\ 2 & -2 & 0 & 0 & 0 \end{pmatrix} \otimes \begin{pmatrix} 1 \\ -1 \\ 1 \\ -1 \\ 1 \end{pmatrix} \begin{pmatrix} 1 & -1 & 1 & -1 & 1 \\ -1 & 1 & 1 & 1 & -1 \\ 1 & 1 & 1 & 1 & 1 \\ 1 & 1 & 1 & 1 & 1 \\ 1 & -1 & 1 & -1 & 1 \end{pmatrix} = \begin{pmatrix} 0 & 2 & 0 & 0 & 2 \\ 2 & 0 & 0 & 0 & 2 \\ 0 & 0 & 0 & 2 & 0 \\ 0 & 0 & 2 & 0 & 0 \\ 2 & 2 & 0 & 0 & 0 \end{pmatrix}$$

满足所有条件
$e=16$
因此
$\varepsilon=-e/2=-8$

各条件的相乘计算

$B=[-1\ 1\ 1\ -1\ -1]$　　$C=[-1\ -1\ 1\ 1\ -1]$　　$D=[1\ 1\ 1\ -1\ 1]$　　$E=[-1\ 1\ -1\ -1\ 1]$　　$G=[-1\ 1\ -1\ -1\ -1]$

$e=16$、$\varepsilon=-8$　　　　$e=0$、$\varepsilon=0$　　　　$e=0$、$\varepsilon=0$　　　　$e=-8$、$\varepsilon=4$　　　　$e=8$、$\varepsilon=-4$

图 2-13　霍普菲尔德神经网络的能量计算

的限制条件下，布局仅有 8! = 40320 种。如果是这种程度的问题，普通方法也能充分解析，不必使用霍普菲尔神经网络。

如果特意使用霍普菲尔神经网络解析，由于事先并不清楚棋子的布局，决定加权矩阵时需要相当烦琐的计算。并且，无法保证获得所有棋子的布局模式。任何模式均为能量最小的稳定状态，但任何状态被发现之后，网络的召回运算停止。如果通过普通解析方法求解，包括对称及旋转等重复在内共有 92 种模式。因此，这种规模无法切实感到霍普菲尔神经网络的优越性。但是，随着 N 的增大，状况大为不同。

另一个组合最优化问题就是著名的货郎担问题（Traveling Sales-

8-Queen 问题

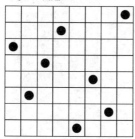

普通解析方法

在8×8的棋盘中放上8个Queen，且避免互相攻击。

（扩大到$N×N$，即N-Queen；$N≥4$）

1) 总计：$_{64}C_8 ≒ 44$亿种

2) 各竖列限制1个棋子：$8^8 ≒ 1.7 × 10^7$种

3) 各横竖列均限制1个棋子：$8! = 40320$种

4) Backtrack法：逐个放上棋子，如果不行则返回重新开始

例如，放上1个棋子则禁用格增加，直至无法继续放上棋子。

每返回一次，之前的棋子放入其他棋格，禁用格也要重新调整。

通过神经网络解析的思路

①8×8=64个节点的霍普菲尔德神经网络条件下，各节点的值为1(有棋子)或0(无棋子)。

②定义在满足棋子布局条件时，能量函数E达到最小。

例如，$E = f(横1棋子) + g(竖1棋子) + h(斜1棋子)$

③相对于各节点之间的加权矩阵$W = [W_{ij}]$，依据$E = \sum W_{ij} X_i X_j$和②，提取W。

④使用W，依据任意棋子布局X开始重复召回运算$X = XW$，直至X不产生变化。

注：能量未达到最小条件下可能陷入极小解，所以在E中加入波尔兹曼项。

图 2-14　通过霍普菲尔德神经网络解决 8-Queen 问题的思路

man Problem，TSP），具体就是："货郎几个城市各去一次，此时的合理安全路线是什么？"看似简单的问题，但随着城市数量的增加，调查也就需要更多时间。其实，现实中有很多类似问题。

图 2-15 所示为货郎担问题的思路。计算过程中随着城市数量的

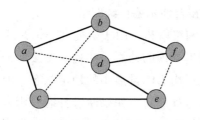

	1	2	3	4	5	6	←路线顺序
a	1	0	0	0	0	0	
b	0	0	0	0	0	1	
c	0	1	0	0	0	0	
d	0	0	0	1	0	0	
e	0	0	1	0	0	0	
f	0	0	0	0	1	0	

城市a~f全部去1次之后返回出发点时，是否为最短线路？

各线路如需路费，应将合计路费控制到最少。

能量函数

建立使各行/列的1均只有一个时达到最小的算式。

图 2-15　通过霍普菲尔德神经网络解决货郎担问题的思路

增加，计算量也会变得庞大，所以能量函数的建立极其烦琐。此时，霍普菲尔德神经网络的利用价值随之凸显。但是，如果是从推荐路线中求取最佳路线，仍然需要耗费一番周折。即，重复召回运算的过程中，局部达到能量函数最小值时即刻停止。也就是说，即使存在更佳值（最小值），也有可能达不到这种状态。

2.4 自编码器（Autoencoder）

自编码器是杰弗里·辛顿（Geoffrey E Hinton）[一]于 2006 年发布的多层网络，能够自动进行大量数据的特征提取，是目前深度学习的基础。

2.4.1 自编码器的概念结构

自编码器是一种多层神经网络，输入至输出的节点数逐渐减少。各层中，通过虚拟感知机重复进行误差修正，使输入经由中间层返回原处，从而决定加权。

图 2-16 所示为自编码器的概念结构。

2.4.2 虚拟感知机

层级型神经网络的各层级中，首先决定本层和下一层之间的加权，从而能够通过下一层还原本层。因此，设计出虚拟感知机，本层为输入层和输出层，下一层为中间层。

常规感知机通常固定输入层和输出层之间的加权，并依据导师信号调节中间层和输出层的加权。但是，虚拟感知机中，输入层和中间层之间、中间层和输出层之间均设置加权。此时，并不依据导师信号，而是调节 2 个加权数字，使输入层的节点值能够还原输出层。此处采用的加权矩阵为转置矩阵，一方决定之后另一方自动决定。

一　HINTON G E，KRIZHEVSKY A，WANG S D. Transforming Auto-encoders ［C］// 21st International Conference on Artificial Neural Networks Part I：Artificial Neural Networks and Machine Learning. Berlin：Springer，2012.

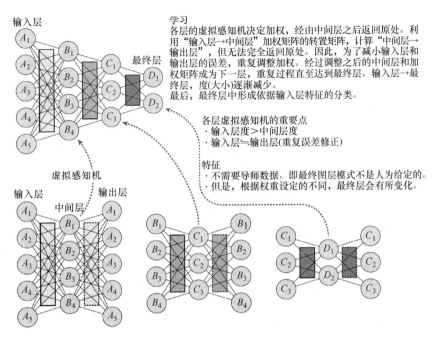

图 2-16　自编码器的概念结构

图 2-17 所示为虚拟感知机的示意图。

2.4.3　自编码器的工作原理

自编码器的学习是调节各层级的加权矩阵，使输入层的大多数据模式在输出层达到最佳分类。具体来说就是从第 1 层至最终层，各阶层假设虚拟感知机，并进行误差修正学习，使输入和输出达到相同。不需要误差逆传播等导师信号，仅通过输入数据进行学习。

完成学习的自编码器如果将初始数据给予输入层，输出层就能获得该数据对应的分类结果，即自行召回。并且，如果给予初始数据中没有的新数据，就能获得接近初始数据分类特征的

81

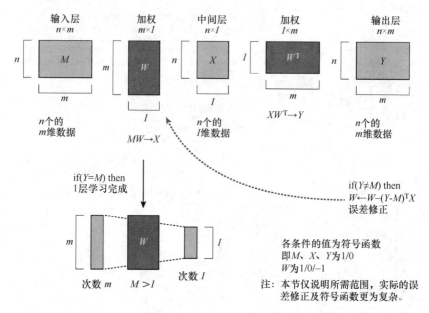

图 2-17　虚拟感知机的示意图

输出结果，即关联。

　　与感知机关联的本质不同点就是学习时有无导师信号，即是否事先通过人工分类初始数据。从关联的效率$^\ominus$考虑，给予导师信号的优势明显。但是，学习时数据较多时，即使不给予导师信号也能自动分类，且能够对新数据进行关联是非常实用的。还可能呈现人类未注意到的特征分类，超越人类的假设。$^\ominus$

$\ominus$　效率不仅是指速度、空间等含义，还包含是否符合要求等性质含义。感知机能够完成的 JIL 字母识别，但相同规模的自编码器无法完成。

$\ominus$　即使进行超出人类预期的分类（或特征提取）也没有任何意义。当给定导师信号时，一定程度上反映了人的意图。但在自编码学习中只有机械操作。无论有无意图，对人类来说都是有用的发现。

2.4.4 自编码器的具体验证

此处开始，利用能够计算自编码器工作原理的模型进行具体说明。具体就是，通过之前的 Excel 模拟（Ex3_Autoencoder. xlsm）一边确认一边阅读。

本节汇总，节点的值、各阶层加权的值均使用以下符号函数⊖。

1）节点的值：0 或 1 等值的符号函数，相当于数据模式矢量的条件。

2）加权的值：1、0、-1 等值的符号函数。

3）误差：各条件的期待值和实际值的差异（绝对值）的总和。

此处，通过网络的各阶层假设以下虚拟感知机。

a）虚拟感知机的输入层为 M，中间层为 X，之间的加权矩阵为 W。

b）中间层和输出层之间的加权数组使用 W 的转置矩阵 W^T。

c）从 W 的合适初始值开始，重复以下误差修正⊖。

① $\mathrm{sgn}(MW) \Rightarrow X$、② $\mathrm{sgn}(XW^T) \Rightarrow Y$、③ $Y - M \Rightarrow D$、④ $\mathrm{sgn}'(W - D^TX) \Rightarrow W$

⊖ 符号函数（Signum function）：依据值的符号（正、0、负），复原1、0、-1。节点的值为0或1，此时小于0（负值）则为0。加权时，复原1、0、-1，此外，加权除了符号函数，还可以是实数值。但是，为了乘积累加运算简洁化，使用符号函数。即便如此，误差修正的精度仍然较低，但能够模拟基本原理。

⊖ 误差修正：此处是重复从初始加权中减去输出层和输入层的差值，依据符号函数重新加权。通常定义以加权矩阵条件为变量的误差函数，增减变量的值，使各变量的偏微分变小。关注一个变量 x，使误差函数为 $y = f(x)$ 时，此微分 $dy/dx = f'(X)$ 的倾斜达到水平方向，即沿着斜率减少的方向增减 x，所以称之为"梯度下降法"。通常，误差函数使用误差的均方。本书中以差值的绝对值形式进行简洁化处理，以便手工计算确认。误差修正中为了差值减小，只需增减加权条件。但是，微分的英文是"differential"，出自"difference（差）"。所以，同误差函数微分的思路相同，不影响模拟。

此处，MW 为矩阵 M 和矩阵 W 的内积，$Y{-}M$ 为矩阵 Y 和矩阵 M 的各元素之差。sgn 是指相对于矩阵的各元素，重复 1、0（正值）或 0（负值）的符号函数。Sgn' 是指相对于矩阵的各元素，重复 1（正值）、0、−1（负值）的符号函数。

此过程③中如果 $D=0$（所有元素均为 0），则一个阶层的学习结束。但是，由于虚拟感知机的限制⊖，无法保证各层的误差达到 0。所以，即使稍有误差，也能将此中间层作为下一层虚拟感知机的输入，继续下一层的学习。因此，将所得中间层作为下一层输入，重复同样操作。由此，从输入层至最终层依次重复虚拟感知机的误差修正学习，实现自编码器整体的学习。

各层虚拟感知机的输入和输出的测度⊖相同，中间层的测度较低。因此，如果依次排列虚拟感知机的中间层，就能形成从输入层至输出层测度依次减少的层级型网络。

误差率⊖作为误差指标，最初难以达到 0。即便如此，仍然从输入层至输出层，通过误差修正决定加权。由此获得输入测度减少的输出，依据输入特征进行输出测度对应分类。根据加权矩阵的初始值给定方式，输出层的值可能不同，但初始数据的分类相同。即，相似的数据就是相同的值，从分类观点考虑没有问题。㉔

⊖ 如果不可线性分离，就会变成"打地鼠"的情况，而且加权不收敛。

⊖ 测度（degree）：通常表示对象条件的数量，但此处表示节点数。

⊖ 误差率：此处为了配合误差函数的简洁化，误差率也简单通过下式求取。

　　误差率＝误差绝对值的总和/节点元素数；节点各元素的值为 0 或 1，分子等于不同元素的个数。因此，此式表示未还原初始状态的条件比例。即便如此，精度仍然较低，但能够完成误差修正的模拟。

㉔ 仅限分类的观点，定义之后情况稍有不同。即，如果结果的模式带有含义，初始值不同造成结果差异就会引起困扰。例如，如有导师信号，第 1bit 为 0、1 及 2 时，分别表示相应特征的定义。所以，结果始终相同。但是，如果在没有导师信号的条件下仅进行分类，各 bit 不需要表示特征，整体相似部分表示相同结果即可。

通过这种单纯的结构，是否真正能够进行分类？如果依据导师信号按输入数据给定分类对象，这样是很简单。但是，此处分类对象应注意的分类特征并未给定，仅在输入层加入数据。由此，分类层能够获得符合特征的分类结果。即，具有相同特征的数据即使输入稍有差异，输出也会相同。

2.4.5　利用自编码器进行最简单的黑白识别

此处通过最简单的示例进行说明，设计输入测度 4、输出测度 2 的 1 层网络，2×2 的棋盘格倾向黑还是倾向白（见图 2-18）。

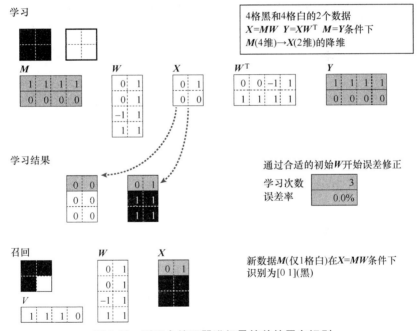

图 2-18　利用自编码器进行最简单的黑白识别

通过 4 条件矢量，表示黑为 1、白为 0 的条件组成的 2×2 的矩阵。目前，学习用数据包括以下 2 个：全部黑 [1，1，1，1] 和全

部白 $[0, 0, 0, 0]$，并通过 M 表示其纵向排列的 2×4 矩阵。加权矩阵为 W，合适的值（此处为图 2-15 所示值）为初始值。W 为 4×2 矩阵，乘积累加运算 $MW = X$ 为 2×2 矩阵，测度由 4 压缩为 2。

其次，使用 W 的转置矩阵，X 还原至初始状态。即，乘积累加运算 $XW^T = YY$ 接近 M。如果利用图 2-15 的加权矩阵 W 及其转置矩阵 W^T，结果 Y 与 M 相同，即，误差为 0 的条件下回复初始状态。由此，初始的 2 个数据分类为 $[0, 0]$ 和 $[0, 1]$。

此说明中特意设定了 W，所以 $M = Y$。但是，任意设定 W 时，或许 $M \neq Y$。此时，由初始 W 减去 $Y - M$（差值）进行误差修正，并通过新的矩阵 W 再次重复乘积累加运算。这个过程就是学习。

通过完成学习的网络识别新数据就是关联运算。即，利用输入数据 V（矢量）和已学习的 W，进行 VW 的乘积累加运算。例如，1 格视为白色整体，给定"倾向黑"数据，则识别结果为黑色。

利用 Ex3 的模拟尝试所有输入模式 $2^4 = 16$ 种数据，分别得到输出模式 $2^2 = 4$ 种（$[0, 0]$、$[0, 1]$、$[1, 0]$、$[1, 1]$）的任意一种。倾向白为 $[0, 0]$，倾向黑为 $[0, 1]$，其他输出模式无法识别。

此外，学习结果中的白色 $[0, 0]$、黑色 $[0, 1]$ 等模式，可能根据加权矩阵的初始值而产生变化，但各自分类为黑色和白色的情况不变。

Ex3 的模拟中，相同网络组成条件下也有 4 个输入数据的情况，所以认定为升级（相比 2 个）的示例。

2.4.6 利用自编码器进行字母识别

接下来，通过自编码器尝试进行感知机提取的简单字母识别。使用感知机时输出"J""I""L"这 3 个字母作为导师信号，并完成相应的识别。

　　但是，如果从结论考虑，在没有导师信号的条件下无论怎样设定加权初始值，最多只有 2 个字母的分类。在此规模小，难以识别3 个字母。

　　图 2-19 所示为勉强通过自编码器尝试识别字母 "J" "I" "L"的示例。图 2-20 所示为依据上述结果的所有输入模式的召回结果。此例为改变加权初始值就能改变结果，称不上识别了字母。即使不完全分类结果，也能表示相应的分类及召回。

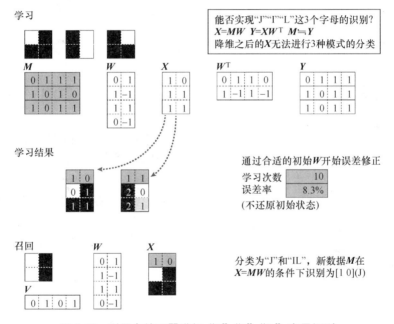

图 2-19　利用自编码器进行 "J" "I" "L" 字母识别

2.4.7　利用多层自编码器进行○×识别

　　1 层条件下同感知机一样，没必要使用自编码器，所以尝试 2层以上的层级型网络。这种形态与误差逆传播网络相似，但相对于

所有输入模式对应的召回

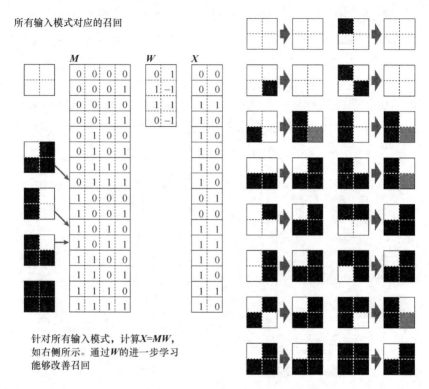

针对所有输入模式，计算 $X=MW$，如右侧所示。通过 W 的进一步学习能够改善召回

图 2-20　通过自编码器召回 "J" "I" "L"

误差逆传播中从输出侧至输入侧修正导师信号误差，自编码器是在无导师信号的条件下从输入侧至自动决定各层的加权。

例如，尝试分类 3×3 棋盘格的○×模式（见图 2-21、图 2-22）。此处，从输入层至输出层，按 9→5→2 降低测度。假设输入数据为 4 个，则输入层 4×9 矩阵 M_0、第 2 层 4×5 矩阵 M_1、输出层 4×2 矩阵 M_2，输入数据分类为 [0，0]、[0，1]、[1，0]、[1，1] 任意一种。

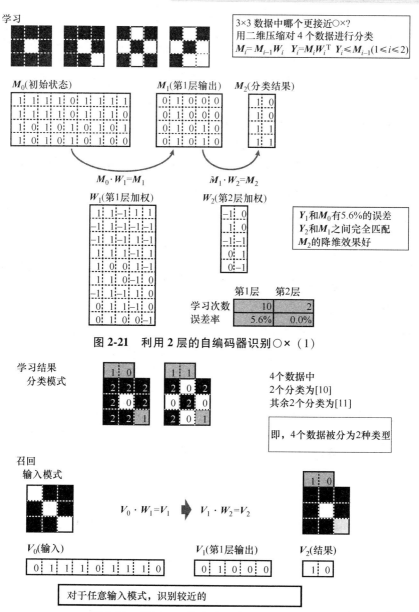

图 2-21 利用 2 层的自编码器识别○× （1）

图 2-22 利用 2 层的自编码器识别○× （2）

作为第 1 层的加权 9×5 矩阵 W_1，第 2 层的加权 5×2 矩阵 W_2，从合适的加权初始值开始进行自编码学习，决定最合适的 W_1、W_2。由此，4 个数据被分类为 2 种。

其次，如果将新数据加入此网络的输入中，则识别为较近的。此外，如果加权初始值变化，结果也会不同。分类方面，可分为 2 种：○分组和×分组。

Ex3 的模拟稍稍增加○×识别的规模，以 20 个大小 5×5 的数据作为输入，通过 3 层加权矩阵按 25→10→5→2 减少测度，最终获得 [0，0]、[0，1]、[1，0]、[1，1] 中任意一种输出，进行○×的分类。

其模拟文件中除了○×以外，还放入几种数据模式，可在【Pattern】工作表中选择进行各种尝试。数据 5×5、数据数量 20 个以下的范围内，可直接手动输入数据模式，并在【Default】工作表中进行替换。并且，本节说明中使用的示例也可在【Pattern】工作表中进行选择，如有兴趣可以尝试。

2.4.8 自编码器的总结

将输入数据回复初始状态，替代感知机的导师信号。即，通过将输入数据视为导师数据进行误差修正的自编码器，能够准确依据输入数据的特征进行分类。

自编码器的各层级中，通过虚拟感知机重复误差修正使输入经由中间层还原至初始状态，从而决定加权。通过中间层还原输入所需加权，通常使用从输入中生成中间层时的加权矩阵的转置矩阵。但是，无法保证完全还原至初始状态。

极端情况下，如果加权为 0 矩阵（所有条件为 0），则中间层所有节点为 0，无法还原至初始状态。还原至初始状态所需加权中即使使用转置矩阵，也无法通过除法使之还原至初始状态。为了还原至初始状态，必须考虑加权矩阵的条件。加权矩阵的条件就是在误差修正过程中依据一定标准决定的实数值，但此处为了简洁化，采用 0、1、-1 等任意整数。由此，也能实现相应的分类。

为什么如此简单的组合就能分类繁杂的数据？并且，为什么能够实现关联？这是由于通过自编码器各层的虚拟感知决定加权，使各层回复至初始状态。即，如果依据输出结果逆向进行加权矩阵的转置矩阵的乘积累加运算，初始数据就能还原至输入层。

实际上并不是完全还原至初始数据，通常是还原其他类似的数据模式。此处，这类数据称之为代表模式。相对于具有共通特征的输入数据，输出能够获得特征提取的一种结果模式。以此为基础，利用各层加权的转置矩阵逆向还原数据，理应获得一个代表模式。因此，具有共通特征的多个输入数据均能还原为相同代表模式。即，输入侧的相关数据的集及输出结果能够形成 1 对 1 的对应关系，分类为输入数据。

但是，代表模式依据最终输出及加权决定。所以，加权及输出结果不同（由于加权矩阵的初始值不同），则代表模式不一定。即，理应分类为○与×，但代表模式可能也无法完美实现○及×。

Ex3 的模拟中，代表模式也会在召回时计算并显示。但是，实际学习时也会根据分类结果决定代表模式。并且，此模拟中分类结果为 [0 0] 这种模式时，逆向的乘积累加运算均为 0，所以无法还原代表模式。以上情况是由于 Ex3 为分类目的的模拟，务必牢记。

作为自编码器的验证，图 2-23 所示为分类及代表模式的示意图。

综上所述，已理解自编码器的分类原理。但是，根据加权矩阵初始值不同，即使分类相同，输出结果本身也可能有所变化。并且，甚至有可能出现分类失败、异常分类、特殊分类等结果。

从分类观点考虑没有问题，且能够获得基于人类难以发现特征

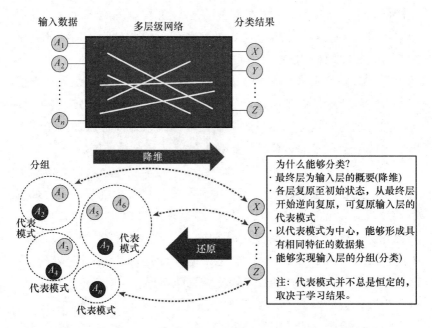

图 2-23　自编码器的分类及代表模式示意图

的分类结果。但是，与结果表达怎样的特征并无关系。因此，关于分类结果的定义[○]，需要使用者充分研讨。

此外，如前所述，代表模式无法保证所期待的最完美状态。仅考虑代表模式，认为这就是分类结果的真实状态是很危险的。这次学习的加权中获得一种代表模式，下一次可能获得不同的代表模式。

○　定义或标注（labelling）：如何称呼已分类的各特征是人类在实际生活中进行的行为。例如，即使分类许多照片并提取猫的特征，计算机也无法分类"猫"。归根结底是人类在实际生活中称之为"猫"，所以避免错误称之为"狗"就是人类的责任。

2.5　其他神经网络

为了适应学习方法，神经网络也有较多种类。其中，与本书内容密切相关的方法还有以下几种。

1. 玻尔兹曼机（Boltzmann Machine）

玻尔兹曼机是由辛顿和塞诺斯基（Geoffrey Hinton & Terry Sejnowski，1985）设计的相互连接型网络，通过以下方法对霍普菲尔德神经网络的缺点进行了改善。

1）节点分为可见层和隐藏层，减少外部可见节点的处理量。但是，连接本身基本为完全接合，所以计算量并不减少。

2）通过 S 型函数（并不是阈值函数）准确控制节点的触发，避免召回运算陷入局部解（能量函数的极小值），容易获得最优解。

控制节点发火的触发概率可通过以下 S 型函数表示。

$$触发概率 \quad p = 1/(1 + e^{(-X/T)})$$

但是，$X = \sum W_i X_i$（输入的乘积累加），T 为 0 以上的实数（表示温度）。

温度 T 高时，特别是当温度为 ∞ 时，触发概率与节点的输入（X）无关，始终为 1/2，即按照一半的概率进行触发控制。因此，召回运算也可能出现从极小值开始增加的方向变更加权，可防止陷入极小值。并且，温度 T 为 0 时，阈值函数一致，所以变成对应节点输入的触发控制，不仅限于概率大小。这是指温度高时召回运算不稳定，但温度越低越能够稳定更新加权。因此，利用这种性质，刚开始提升温度进行召回运算，随着更新的继续，缓缓降低温度，即可稳定接近最优解。这种方法称之为模拟退火（Simulated Annealing⊖）。

图 2-24 所示为触发概率的 S 型函数曲线。

玻尔兹曼机在理论中发挥理想作用，但从计算时间方面考虑并不实用。即，节点中设置隐藏层以减少计算量，但节点之间完全连接，且需要进行概率处理，反而增加时间。因此，实际运用一种减少节点连接，仅保留可见层和隐藏层的连接，并设置限制避免可见层内部及隐藏层内部连接的受限玻尔兹曼机（Restricted Boltzmann Machine）（参见 8.3.3 节）。

2. 误差逆传播网络（Back Propagation Network）

误差逆传播算法⊖是由哈姆鲁特（David Rumelhart，1986）设计的层级型网络，通过以下方法改善感知机的缺点。

1）通过多层级化的联合单元，在线性不可分离条件下也能顺利调整加权。

2）学习是通过从输出侧逆向减少与导师信号的差，以调整各层的加权。

20 世纪 80 年代，误差逆传播网络是最受业界关注的方法。但是，存在一些使用方面的缺点，例如学习时间长、必须人类管理输入。

3. 自组织映射（Self-Organizing Map，SOM）

自组织映射是霍宁（Teuvo Kohonen，1981）设计的双层网络，根据近似度分类输入数据，以聚类为目的。学习方法方面，并不是

⊖ 退火（Annealing）：金属加工学术语。金属整形时，刚开始在高温条件下处理，之后逐渐降低温度，实现高品质金属加工。此外，玻尔兹曼机这个名称取自对热力学领域贡献巨大的玻尔兹曼（Ludwing Boltzmann）。

⊖ 误差逆传播的名称源于学习方法。也有从输入侧至输出侧调整误差的方法，此时就是误差前向传播。

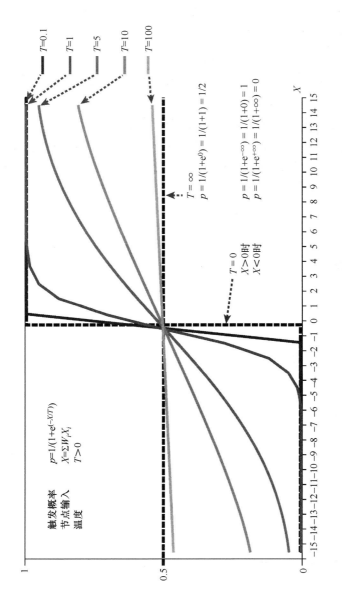

图 2-24　触发概率的 S 型函数曲线

以前的误差修正、赫布型学习，而是非导师学习"竞争学习[⊖]"。自组织映射具有以下特点。

1）由两层（输入层和竞争层）组成。

2）触发与输入层各节点的值（输入信号）的差最小的竞争层的节点，更新其相邻节点的加权。

3）通过系统利益最大化运行，进行非导师学习。

此外，还有近年来深度学习中经常运用的上述受限玻尔兹曼机、卷积神经网络。相关内容在深度学习的章节中详细说明（8.3 节）。

⊖ 竞争学习（Competitive learning）："节点之间竞争触发"的学习方法，重复增加相同值节点的加权，减少不同节点之间的加权。同种节点得以集中，可整体分类。

第 3 章

通过机器控制人类的模糊性=模糊控制

    模糊控制是指模糊性现象相关的学科，但不得与概率论混淆。概率涉及的问题是"现象本身明确，但通过统计学分析会得出什么结论"。相反，模糊控制是指现象本身模糊不清。并且，这种问题有许多。我们日常的行为大多都是未经精确运算的感官判断，这些都是模糊控制，真的是无处不在。天气太热了想要凉快些，转弯时稍稍转动方向盘，书写潦草的文字，言语的背后含义等，这些也都包含模糊控制。

    模糊控制的概念由拉特飞·扎德于 1965 年提出，但当初并未被视为一门学问。但是，概念提出的 10 年之后，马达尼（1975）设计出规则型模糊推理，模糊控制开始受到关注。

    如今，模糊控制已经应用到自动控制、家电等领域，也有人倡导将其用于人工智能。根据近年来的研究动向，模糊控制正在与神经网络、遗传算法、混沌理论等其他技术相互融合。

    此处，为了理解模糊控制的工作原理，对模糊推理及模糊控制进行模拟。正文中详细解说相关的示例，首先希望通过模拟，实际体验仅凭感官表达就能操作的模糊控制。

模拟示例一：依据模糊推理控制空调（按照"稍高"/"稍低"的感觉控制空调）

1. 下载文件

访问示例下载网址（https：//www.shoeisha.co.jp/book/download/9784798159201），下载 Excel 操作示例程序文件：Ex4_Fuzzy 推理.xlsm。

空调控制相关模糊推理的模拟。此处的问题是，针对温度、湿度、室内气密性等三种条件，并以这些条件的观测值为基础，求取正确的空调控制值。即便如此，为了通过数值运算进行严密控制，必须考虑各条件的模式控制组合，相当烦琐。但是，如果运用逻辑推理，仅凭温度高、湿度低等感官表达就能提示正确的空调控制值。

但是，高、低等模糊表达与实际观测值的关系，需要以隶属函数的形式事先定义。并不是进行自然语言处理，隶属函数是利用模糊性的最低限度前提。气密性及空调控制值等概念在模拟过程中根据情况定义，并不是关注现实的条件。但是，温度及湿度是比较现实的感觉，需要定义隶属函数。

2. Excel 工作表的说明

【Fuzzy 推理】工作表：模糊推理对空调控制相关的模拟。

3. 操作步骤（见图 3-1）

① 打开【Fuzzy 推理】工作表。输入温度、湿度、气密性的观测值，按下【执行】按钮。

② 模糊推理结果"空调控制值"显示出来。

③ 推理过程通过表格及图表等显示。

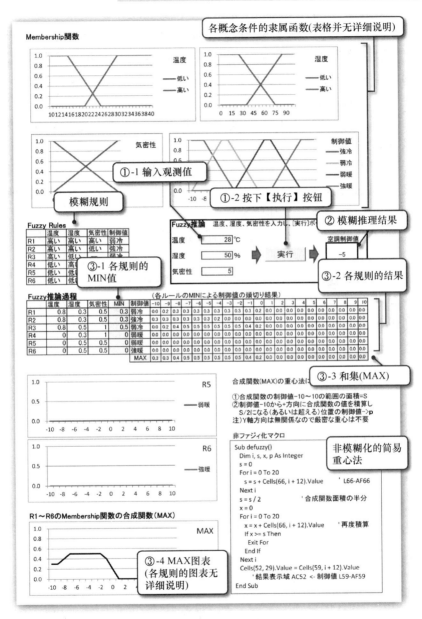

图 3-1 依据模糊推理控制空调的操作步骤

模拟只有实际发挥作用才会有趣，但注意观察"和集"的形状，就会产生兴趣。并且，通过替换工作表上方的隶属函数的表，可轻松更改图表形状。所以，可根据自身的感觉，进行逻辑推理。

4. 注意事项

1）Excel 工作表上方 2~48 行是将隶属函数图表化所需的表格及图表。

2）Excel 工作表中间 49~67 行为逻辑推理部分，输入温度、湿度、气密性的观测值之后，按下【执行】按钮即开始执行逻辑推理，并显示"空调控制值"。

3）推理过程是指各规则的隶属函数的和集（MAX）显示于"Fuzzy 推理过程"。

4）Excel 工作表下方 71~134 行为"Fuzzy 推理过程"中显示的各规则及和集的隶属函数的图表。最终，针对最下方的 MAX 图表，利用重心法求取空调控制值。但是，此处为了简单显示非模糊化宏，求取图表面积为一半的 x 轴上的值。

模拟示例二：模糊控制（依据模糊条件维持目标值）

1. 下载文件

（访问示例下载网址）（https://www.shoeisha.co.jp/book/download/9784798159201），下载 Excel 操作示例程序文件：Ex5_Fuzzy 控制.xlsm。

基于使模糊推理更加高效的控制规则表的模糊控制的模拟。此处，并未具体考虑作为控制对象的目标，但也能进行相应控制，例如温度调节、让机器人立起木棒或沿着某条线移动。与数值控制不同，模糊控制相关事例是假设感官修正，并依据控制规则表进行。而且，依据控制规则表进行模糊控制，控制规则表是由偏差（对比目标值的差异）及偏差的变动横竖排列而成的矩阵。实际体验即使通过这样粗放的控制，也能稳定维持目标值。也可以设定具体目标值，并形成可视化。但是，即使仅观察接近目标值的偏差图表，也能充分理解其重要意义。

2. 工作表的说明

【Fuzzy 控制】工作表：基于控制规则表的模糊控制的模拟。

3. 操作步骤（见图 3-2）

① 打开【Fuzzy 控制】工作表，设定控制规则表。人工输入或按下【控制规则表】按钮之后自动设定标准值。

② 设定"简易区分表""简易控制值""偏差及其变动的初始值""允许误差""观测次数"。人工输入或按下【初始化】按钮自动设定。

③ 按下【开始】按钮，执行模糊控制模拟。模糊控制的状态在下方图表中显示。图表下方的大表格为图表制作相关数据，仅供参考。

4. 注意事项

1）控制规则表：通常仅定义沿着垂直/平行 ZO 的十字交叉部分即可。此处为了简单模拟，补充全条目。并且，可以替换。

2）简易区分表：使用正文中说明的 PB ~ ZO ~ NB，作为概念符号。但是，原本通过隶属函数规定的部分，此处带有无重叠的分离值，通过简易区分指定其边界。这是可替换的，通过设定边界，收敛的程度大为不同。

3）简易控制值：控制规则表的各条目中填写的控制值相关概念也可通过 PB ~ NB 表示。这并不是原本的隶属函数，通过偏差变动的增减可轻松表示。其增减量相对于偏差的比例，同样可以替换。

4）初始值：关于偏差和偏差的变动，设定模拟开始时的值。此值可取任意值，但需要注意与简易区分表指定的概念边界的值之间的统一性。

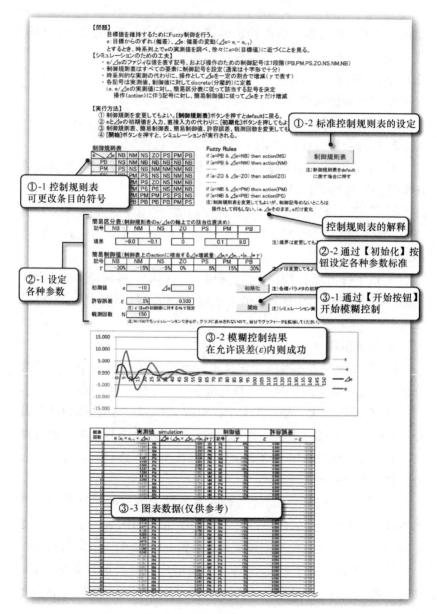

图 3-2　模糊控制的操作步骤

5）允许误差：简易偏差为 0，但通常存在允许误差。可按初始偏差对应的比例表示。而且，此值对模糊控制本身没有影响，但设定作为判断控制是否成立的依据。

6）观测次数：观测偏差及其变动时利用控制规则表的次数。

7）工作表下方的图表：显示模糊控制的结果。图表呈现波动状，且收敛在允许误差内。根据简易区分表及简易控制值的设定，也有可能超出允许误差的范围，即表示模糊控制失败。

3.1 模糊控制的思路

本节中，将对模糊集、隶属函数、模糊测度等模糊控制（Fuzzy）的基本概念进行说明。

3.1.1 模糊集的概念

模糊控制中，为了利用现象本身的模糊程度及主观表现，需要扩展集合理论进行考虑。

普通的集合定义为"满足某些条件的集"，如下所示公式化。

$$A = \{x \mid x \text{ 的条件}\}$$

例如，偶数集为 $B = \{x \mid \mathrm{mod}(x, 2) = 0\}$；奇数集为 $C = \{x \mid \mathrm{mod}(x, 2) = 1\}$。

集合的元素既有离散的，也有连续的。但是，如果思考某种元素是否包含于集合，必然属于其中一种。如果将包含设定为 1，不包含设定为 0，相对于元素 x，集合 A 也可如式（3-1）所示进行定义。此处，$\chi_A(x)$ 为函数，若参数 x 为集合 A 的元素，则函数 = 1，否则函数 = 0。

$$A = \{x \mid \chi_A(x) = 1\}$$

$$\chi_A(x) \to \{0, 1\} ^{\ominus} \qquad (3\text{-}1)$$

$$\chi_A(x) = 1 \ (x \in A) \text{ 或 } \chi_A(x) = 0 \ (x \notin A)$$

这种集合的边界明确，所以称之为明确（crisp）集。那么，式（3-1）中是否能够使用可取 0 和 1 之间值的函数？这就是边界模糊的集，即值越接近 1 越靠近集的内侧，越接近 0 越靠近集的外侧。

以此思路，边界模糊的集就被定义为模糊集（见图 3-3）。

⊖　｛｝中内容的条件为离散型。x 与离散型或连续型无关；$\chi_A(x)$ 为 0 或 1，无中间值。

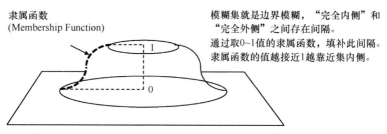

隶属函数
(Membership Function)

模糊集就是边界模糊，"完全内侧"和
"完全外侧"之间存在间隔。
通过取0~1值的隶属函数，填补此间隔。
隶属函数的值越接近1越靠近集内侧。

隶属函数　　　　　　$0 \leqslant \mu_A(x) \leqslant 1$
模糊集A的定义　　　$A = \{X \mid \mu_A(X) \rightarrow [0, 1]\}$
模糊测度的单调性　　$m(\varnothing) = O$，$m(V) = 1$，若$A \subseteq B \subseteq V$ 则$m(A) \leqslant m(B)$

参考：与概率的区别
掷色子时出现2的倍数或3的倍数的概率：
$m(2的倍数) + m(3的倍数) - m(2和3的倍数) = 1/2 + 1/3 - 1/6 = 2/3$

说到模糊控制，2的倍数或3的倍数如何处理？
可能性高(max) → 视为2的倍数

图 3-3　模糊集（Fuzzy Set）

3.1.2　隶属函数（Membership Function）

为了表示模糊集的边界模糊程度（即某种条件包含于集的程度"隶属度"），需要导入隶属函数。在集内侧时为 1，集外侧时为 0，边界取中间值，越靠近内侧越接近 1。可以认为，隶属函数就是表示模糊集的边界形状（参见图 3-3）。

如下所示，模糊集可使用隶属函数 μ 定义。

$$A = \{x \mid \mu_A(x) = y \,, 0 \leqslant y \leqslant 1\}$$
$$\mu_A(x) \rightarrow [0, 1] \quad^{\ominus}$$
$$0 < \mu_A(x) \leqslant 1 \ (x \in A) \quad 或 \quad \mu_A(x) = 0 \ (x \notin A)$$

(3-2)

$\ominus$　[　]中内容的条件为连续型。即,测度 $\mu_A(x)$ 为 0~1 的值。

3.1.3 模糊集的运算

普通集合的运算中，已定义和集、积集（重叠部分）、补集（差集）及各种运算规则[⊖]。但是，模糊集中定义同样运算时，无法包含于特定某一方或两方均包含。所以，使用隶属函数 μ，定义如下所示。

和集 $\quad A \cup B = \{x \mid \max(\mu_A(x), \mu_B(x)) \to [0,1]\}$ (3-3)

积集 $\quad A \cap B = \{x \mid \min(\mu_A(x), \mu_B(x)) \to [0,1]\}$ (3-4)

补集 $\quad \sim A = \{x \mid (1 - \mu_A(x)) \to [0,1]\}$ (3-5)

模糊集中，交换律、结合律、分配律、双重否定、德·摩根定律等运算规则同样成立。

交换律：$A \cap B = B \cup A$，$A \cap B = B \cap A$。

结合律：$A \cup (B \cup C) = (A \cup B) \cup C$，$A \cap (B \cap C) = (A \cap B) \cap C$。

分配律：$A \cup (B \cap C) = (A \cup B) \cap (A \cup C)$，$A \cap (B \cup C) = (A \cap B) \cup (A \cap C)$。

双重否定：$\sim \sim A = A$

德·摩根定律（见图 3-4）：$\sim(A \cup B) = \sim A \cap \sim B$，$\sim(A \cap B) = \sim A \cup \sim B$。

但是，与普通集不同，排中律及矛盾律不成立。即，如下所示。

排中律：$A \cup \sim A \neq V$（全集）

矛盾律：$A \cap \sim A \neq \varnothing$（空集）

这是由于取隶属函数较大或较小的值，排中律中形成下沉部分，矛盾律中形成隆起部分（见图 3-5）。

⊖ 集的运算规则包括交换律、结合律、分配律、德·摩根定律、排中律、矛盾律等。

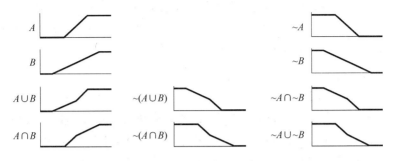

图 3-4　模糊集的德·摩根定律

图 3-5　模糊集的排中律和矛盾律

3.1.4　模糊测度（Fuzzy Measure）

如果是普通集，可以考虑为表示大小$^\ominus$的测度$^\ominus$。集合整体的大小为 1，考虑其部分集即可。并且，测度具有可加性$^\ominus$。在模糊集中导入相同概念，就是模糊测度。

模糊集的边界模糊，无法计算元素的个数。并且，面积也无法

$\ominus$　如果是离散型的有限集（有限加法集），运算条件个数即可。但是，也有离散型的无限集（自然数集等）、连续型的无限集（实数集等），也有表示集合密度（α）的概念。此处，仅考虑有限加法集。

$\ominus$　测度（measure）：定量或统一利用事物的尺度，全部为 1，空为 0。

$\ominus$　可加性：$m(\varnothing)=0$、$m(V)=1$、A，$B\subseteq V$ 且 $A\cap B=\varnothing$，则 $m(A\cup B)=m(A)+m(B)$；m 为测度，V 为全集，$\varnothing$ 为空集。

准确定义，所以无法考虑可加性。因此，应按式（3-6）定义。

$$m(\varnothing)=0, m(V)=1, 若 A \subseteq B \subseteq V, 则 m(A) \leqslant m(B) \quad (3\text{-}6)$$

式中 m——模糊测度；

　　V——全集；

　　$\varnothing$——空集。

这就是单调性。即，模糊测度放宽常规测度的可加性，带有单调性即可。那么，即使无法计算元素个数，至少能够判断哪个更大。

模糊集和模糊测度的事例如下。

例如，试着思考以下集（见图 3-6）。

A：成年人集 $A = \left\{ X \mid \mu_A(x) = 年龄大约 18 岁以上 \right\}$

B：年轻人集 $B = \left\{ X \mid \mu_B(x) = 年龄大约 15 \sim 40 岁 \right\}$

C：老年人集 $C = \left\{ X \mid \mu_C(x) = 年龄大约 65 岁以上 \right\}$

V：所有人集 $V = \left\{ X \mid 所有年龄 \right\}$

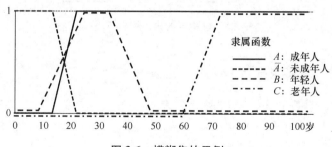

图 3-6　模糊集的示例

难以判断年龄 17 岁的人是否属于 A，A 和 B 的年龄下限也是模糊的。但是，至少知道 C 包含于 A 之中，以及 B 和 C 没有重叠部分。这些信息是通过各种隶属函数的包含关系⊖判断的，也就是模糊测度。

⊖　难以严密定义，但隶属函数的积分（面积）可以视为模糊测度。

如果将上述模糊集的模糊测度分别设定为 $m(A)$、$m(B)$、$m(C)$、$m(V)$，则存在以下关系。

$$m(C)<m(A)，则 C \subset A \subset V$$
$$m(V)=1，则 V 为整体$$
$$m(B\cap C)=0，则 B\cap C=\varnothing（空）$$
$$m(B)<m(A)不成立，则 B \not\subset A$$

如果按照"成年人=年龄20岁以上""老年人=65岁以上"等普通集合（并非模糊集）考虑，可进行包含可加性在内的判断。但是，模糊集并非如此。并且，模糊集存在以下难题。

D：未成年人集　$D=\{x\,|\,\mu_D(x)\neq$年龄大约18岁以上$\}$

则，A 和 D 合并为 V，即

$$m(A\cup D)=1　（※\cup 表示和集）$$

由此似乎能够得到上述结果，但实际并不是。原因在于，"未成年人"的隶属函数与"成年人"相反。即

$$\mu_D(x)=1-\mu_A(x)$$

如图3-5所示，即使 μ_A 和 μ_D 合并，也会由于曲线在18岁附近开始降低，无法实现 $\mu_V(\,=1)$。

作为集合，如果"A：成年人"和"D：未成年人"合并，似乎能够得到"V：所有人"，但测度并非在如此的条件下，即使 A 和 D 合并也无法达到 V。这就是没有可加性的证明，但也因此发现了如下有趣的特征。

$$m(A\cup\sim A)\neq 1$$
$$m(A\cap\sim A)\neq 0$$

3.1.5　模糊测度的特征

模糊测度具备单调性即可，通常的测度中并不具备的特征如下

所示。

1）次可加性：A，$B \subseteq V$，$A \cap B = \varnothing$，则 $m(A \cup B) \leqslant m(A) + m(B)$

2）超可加性：A，$B \subseteq V$，$A \cap B = \varnothing$，则 $m(A \cup B) \geqslant m(A) + m(B)$

这对描述我们身边的常见规律来说，非常方便。例如，次可加性可以描述"最低保证""大量购买并获得折扣"等概念，超可加性可以描述"超出期望""收集一对商品时价值更高""众人拾柴火焰高"等概念。

保证可加性的常规测度中，这种概念反而难以表现，模糊测度则能自然表现。因此，用于描述身边的模糊规则是非常方便的。

图 3-7 所示为模糊测度的次可加性和超可加性的图像。

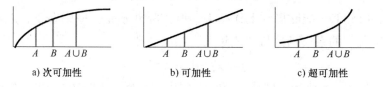

a) 次可加性　　　　　　b) 可加性　　　　　　c) 超可加性

图 3-7　模糊测度的次可加性和超可加性图像

3.2　模糊推理

在本章模拟示例一中所看到的模糊表达的推理称为模糊推理。

3.2.1　模糊推理的思路

说到推理，很多人会想到三段论。但是，仅凭真假推理[⊖]难以适用于现实问题。判断现实问题时，必须考虑"接近""看似"等模糊范围。

模糊推理就是使这种推理成为可能的技术，由于最早提出者的关系，模糊推理法又称作 Mamdani 推理法。如下所示，其思路就是展开真假推理的肯定式。

$$((p{\rightarrow}q)\&p'){\rightarrow}q' \quad （接近 p 的同时接近 q） \qquad (3\text{-}7)$$

$p{\rightarrow}q$ 部分称作模拟规则，p 或 q 均通过模糊集（或模糊语言）表示。p' 为实际的观测值，也通过模糊集表示。q' 是表示结论的模糊集，最终解可替换为数量。

3.2.2　模糊推理的步骤

模糊推理的步骤如下所示。

① 定义模糊规则。形式：IF(条件) THEN(陈述)。

② 定义规则中呈现的概念（模糊语言）的隶属函数。

③ 针对各规则的条件概念的观测值，求取各概念的积集（各概念的测度最小值）。

⊖　真假推理：肯定式$((p{\rightarrow}q)\&p){\rightarrow}q$，否定式$((p{\rightarrow}q)\&\overline{q}){\rightarrow}\overline{p}$，三段论$((p{\rightarrow}q)\&(q{\rightarrow}r)){\rightarrow}(p{\rightarrow}r)$。

④ 针对陈述概念对应的隶属函数，按条件的测度最小值进行前端割舍[一]。

⑤ 针对步骤②的各规则进行步骤③及④，求取各规则陈述部分前端割舍的和集（最大值）。

⑥ 步骤⑤为表示结果测度的新隶属函数，由其重心开始进行非模糊化[一]。

3.2.3 模糊推理的具体事例

详细观察模拟示例一的空调控制。

模糊规则是一种直观表现，"越冷就越要升高温度""越热就越要降低温度"等。此处，条件部分使用"温度高/低""湿度高/低""房间的气密性高/低" 3 种参数。针对各参数中的"高/低"等表达，定义隶属函数。并且，陈述部分为空调控制的表达，使用"强冷/弱冷/弱暖/强暖" 4 种语言分别定义隶属函数（空调控制值为横轴）（见图 3-8a）。

模糊推理以温度、湿度、气密性的观测值为基础，求取各逻辑规则条件部分的最小测度，之后对陈述部分的隶属函数进行前端割舍。此处，温度 28℃、湿度 50%、气密性 5 的条件下，利用 6 个模糊规则（R1～R6），通过前端割舍之后形成 6 个新的函数（见图 3-8c）。通过求和（最大隶属函数），得到结果的隶属函数。最终，通过非模糊化，得出"空调控制值设定为-2"的结论（见图 3-8b）。

⊖ 前端割舍法：依据条件部分测度的最小值，割舍陈述部分隶属函数顶部的方法。也有维持隶属函数的形状，直接压缩的方法。
⊖ 非模糊化：从重心开始至横轴划下垂线，以横轴的值作为最终解。

112

模糊规则

IF（Cond—11,Cond—12,…,Cond—1j,…Cond—1n）THEN Action-1 　　　　概念性

$\vdots$

IF（Cond—i1,Cond—i2,…,Cond—ij,…Cond—in）THEN Action-i

$\vdots$

IF（Cond—m1,Cond—m2,…,Cond—mj,…Cond—mn）THEN Action-m

$$\bigvee_{i=1}^{m} \text{Action—}i(\bigwedge_{j=1}^{n} \text{Cond—}ij)$$

$\underbrace{\hspace{8cm}}$　　$\underbrace{\hspace{3cm}}$

　　　　条件部分　　　　　　　　　　　陈述部分

模糊推理

① 从各规则的条件部分隶属函数的 ∧（Min）开始，对陈述部分的隶属函数进行前端割舍。

② 通过所有规则的陈述部分进行前端割舍之后的隶属函数的 ∨（Max），求取合成。

③ 求取合成结果的重心，并求取其水平坐标位置（非模糊化）。

空调控制的模糊规则

R1：IF（温度、湿度均高，房间的气密性也高）THEN 弱冷

R2：IF（温度、湿度均高，但房间的气密性低）THEN 强冷

R3：IF（温度高、湿度低时，与气密性高低无关）THEN 弱冷

R4：IF（温度低、湿度高时，与气密性高低无关）THEN 弱暖

R5：IF（温度、湿度均低，但房间的气密性高）THEN 弱暖

R6：IF（温度、湿度均低，房间的气密性也低）THEN 强暖

隶属函数

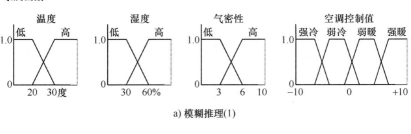

a）模糊推理(1)

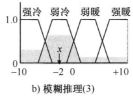

b）模糊推理(3)

图 3-8　模糊推理

模糊推理 温度28℃、湿度50%、气密性5

R1：温度、湿度均高，房间的气密性也高时弱冷。

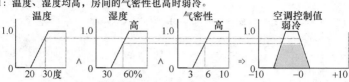

R2：温度、湿度均高，但房间的气密性低高强冷。

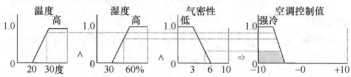

R3：温度高、湿度低时，与气密性高低无关时弱冷。

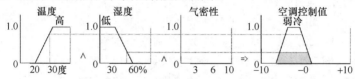

R4：温度低、湿度高时，与气密性高低无关时弱暖。

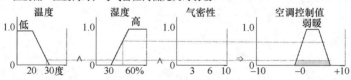

R5：温度、湿度均低，但房间的气密性高时弱暖。

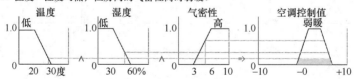

R6：温度、湿度均低，房间的气密性也低时强暖。

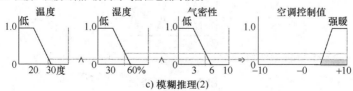

c) 模糊推理(2)

图 3-8　模糊推理（续）

3.3　模糊控制

根据模拟示例二的控制规则，分析模糊控制原理。

在保持状态等控制问题中应用模糊控制时，如果直接利用普通的模糊推理，需要对许多模糊规则进行隶属函数运算，实时响应性⊖会出现问题。

因此，利用控制问题的特征，依据偏差 e⊖及变化率 Δe⊖，使相应控制形成规则化，设定为控制规则表的形式。由此，就能实现实时响应性良好的控制。

3.3.1　模糊控制的思路

模糊规则的形式如下所示。

IF（实测值比要求值小得多，变化率为 0 的状态）THEN 控制值朝向正值方向增加

IF（实测值比要求值稍大，变化率向上的状态）THEN 控制值朝向负值方向减少

规则中出现"小得多、稍小、大得多"等模糊表达，通过以下符号表示。

P：Positive（正值方向）

N：Negative（负值方向）

B：Big（大）

⊖　实时响应性是指根据时间变化进行瞬间响应。控制问题方面，需要连续进行这种瞬间响应，没有耐心推理的时间。

⊖　偏差：实测值和要求值的差。

⊖　变化率：偏差的变动。严密的实测值变动的微分。此处，依据离散型时间序列考虑，也可作为偏差的量。

M：Medium（中等）

S：Small（小）

ZO：Zero

这些符号分别含有隶属函数。组合这些符号，可呈现以下规则。

IF（e=NB&Δe=ZO）THEN action（PB）   图 3-9 中的①、action 表示控制操作。

$\vdots$ $\vdots$

IF（e=NS&Δe=ZO）THEN action（PS）   图 3-9 中的⑮。

控制响应的模糊控制规则   通过控制响应使实测值达到要求值(一定)
                                偏差e=实测值-要求值
                                偏差的变动Δe_t=e_t-e_{t-1}

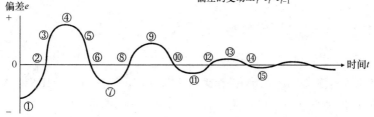

图 3-9　模糊控制

3.3.2　基于控制规则表的模糊控制

针对时序上的各观测值（e、Δe），从控制规则表（见图 3-10）中获得对应的条件⊖，并将其填写于此的操作。依据以下步骤进行，且没有普通模糊推理的烦琐操作。

① 以固定的时间间隔求取 e 和 Δe。

② 依据控制规则表决定纵轴、横轴的观测值。

⊖　条件为 PB、PS、NB、NS 等符号，这些概念基本为分离型（Discrete）。进行条件部分的 min 运算时，仅考虑其中一种符号即可。严格来说，M 的概念与 B 及 S 有所重叠，无法完全分离，但大多作为控制规则表的条件。

③ 依据在此位置的条件进行操作。具体操作内容就是分别决定控制参数的变化量等。

通常的模糊推理中，需要通过上述步骤②及③进行隶属函数的合成等操作。但是，如果使用控制规则表，则不需要上述处理，能够实现高速处理。控制规则表的条件未必均需要定义，仅定义必要部分即可。表示条件未定义部分不对应 e 和 Δe 产生的变化。

这种方法可用于空调的温度自动控制、自动运行，甚至隧道的排气控制等，控制规则表的观测值大多沿水平和竖直方向分布在以 ZO 为交点的十字形线上。但是，控制规则表的条件未定义部分即使不进行控制操作，也具有足够效果。

作为控制响应，基于控制规则表从 e 和 Δe 确定控制值。逐渐接近 ZO 并稳定下来。
①~⑭为图3-9中的数字，⑮(图3-9中)与⑪相同。

e ＼ Δe	NB	NM	NS	ZO	PS	PM	PB
PB(+大)				④NB			
PM(+中)		⑤NM		⑨NM		③NM	
PS(+小)				⑬NS			
ZO(约为0)	⑥PB	⑩PM	⑭PS	→ ZO	⑫NS	⑧NM	②NB
NS(-小)				⑪PS			
NM(-中)				⑦PM			
NB(-大)				①PB			

P：正值方向
N：负值方向
B：大
M：中等
S：小
ZO：0

图 3-10　控制规则表

3.4 模糊关系

此前，对一元变量的模糊集进行了观察。扩大至二元变量以上之后，着眼于这些变量之间关系的模糊度。夫妻关系是明确的，恋人关系是模糊的，诸如此类（见图 3-11）。

明确关系 （夫妻1，其他0）				模糊关系 （恋人程度）		
	X	Y	Z		X	Y	Z
A	1	0	0	A	1.0	0.1	0
B	0	1	0	B	1.0	0.8	0
C	0	0	1	C	0.5	1.0	0.1

图 3-11　明确关系和模糊关系

3.4.1 模糊关系的思路

考虑二元变量分别为离散型⊖的情况。即，横竖排列两种现象的条件，以矩阵的形式排列数值（表示条件之间关系的数值）。各数值包含模糊性，但假设隶属函数（表示现象之间关系）之后排列对应的值即可。此矩阵称作模糊矩阵 R，定义见式（3-8）。

$$R = \left[\mu(x_i, y_j) \longrightarrow [0, 1] \right] \tag{3-8}$$

$$(x_i, y_j) \in X \times Y \ （直积⊜空间）$$

这样思考，图 3-11 中恋人关系的模糊矩阵可以如下解释。

1）X 与 A 及 B 关系很好，与 C 关系不好。

2）Z 与 A 及 B 关系正常，但与 C 关系微妙。

⊖ 连续型时，式（3-8）中 μ 的自变量是连续的，无法形成矩阵。但是，能够按照积分形式展开。多变量同理。

⊜ 两种矢量 X、Y 为横竖排列，将条件之间的运算结果设置于 X 和 Y 的各元素交点的矩阵就是"直积"，通过 $X \times Y$ 表示。

3.4.2　模糊矩阵的合成及推理

通过模糊矩阵表示模糊关系，即使不制定 Mamdani 推理等规则，仅凭矩阵运算及类似的合成运算就能进行推理。

相对于两个模糊矩阵 $\boldsymbol{R}$、$\boldsymbol{S}$，定义合成运算式如下。

$$\boldsymbol{R} \circ \boldsymbol{S} = \left[\bigvee (r_{ik} \wedge s_{kj}) \right]_{ij}$$

$\boldsymbol{R} = (r_{ik})$、$\boldsymbol{S} = (s_{kj})$，矩阵积的"+"替换为"$\bigvee$（max）"，"×"替换为"$\wedge$（min）"

$$(3-9)$$

以定义关系的模糊矩阵 $\boldsymbol{R}$、表示原因的模糊矩阵 $\boldsymbol{A}$、表示结果的模糊矩阵 $\boldsymbol{B}$ 为基础，通过式（3-10）的合成运算进行模糊关系的推理。

$$\boldsymbol{A} = \boldsymbol{B} \circ \boldsymbol{R} \quad \text{或} \quad \boldsymbol{B} = \boldsymbol{R} \circ \boldsymbol{A} \qquad (3-10)$$

式中　　$\boldsymbol{R}$——模糊矩阵；

　　　　$\boldsymbol{A}$——原因；

　　　　$\boldsymbol{B}$——结果（观测值）。

由此，可通过已知的 $\boldsymbol{R}$ 和 $\boldsymbol{A}$ 预测出结果 $\boldsymbol{B}$，或通过 $\boldsymbol{R}$ 和观测值 $\boldsymbol{B}$ 推理出原因 $\boldsymbol{A}$。

3.4.3　模糊关系推理的具体事例

观察水果的剪影，猜一猜是什么水果。

1）水果（$\boldsymbol{A}$）=［苹果、橘子、西瓜、香蕉］

2）剪影形状（$\boldsymbol{B}$）=［圆、细长、扁平、大、小］

3）表示 $\boldsymbol{A}$ 和 $\boldsymbol{B}$ 之间关系的模糊矩阵 $\boldsymbol{R}$（见表 3-1）

由此，试着使用式（3-10）从剪影推理出水果。

表 3-1 水果和形状的模糊关系

剪影形状	苹果	橘子	西瓜	香蕉
圆	0.6	0.5	1.0	0
细长	0	0	0	1.0
扁平	0.4	1.0	0	0
大	0.4	0.2	1.0	0.2
小	0.7	1.0	0.2	0.2

观察剪影的感觉如以下 **B** 集合所示。条件为"圆""细长""扁平""大""小"的顺序,推理如下所示。

情况 1 $B = [0.7 \ 0 \ 0 \ 0.8 \ 0]$,$A = B \circ R = [0.6 \ 0.5 \ 0.8 \ 0.2] \Rightarrow$ 西瓜的可能性最高

情况 2 $B = [0.5 \ 0.3 \ 0.6 \ 0 \ 0.9]$,$A = B \circ R = [0.7 \ 0.9 \ 0.5 \ 0.3] \Rightarrow$ 橘子

情况 3 $B = [0 \ 0.8 \ 0 \ 0.3 \ 0.5]$,$A = B \circ R = [0.5 \ 0.5 \ 0.3 \ 0.8] \Rightarrow$ 香蕉

情况 4 相反,香蕉的剪影如何?

$A = [0 \ 0 \ 0 \ 1.0]$ 则 $B = R \circ A = [0 \ 1.0 \ 0 \ 0.2 \ 0.2]$

情况 5 相反,橘子的剪影如何?

$A = [0 \ 1.0 \ 0 \ 0]$,$B = R \circ A = [0.5 \ 0 \ 1.0 \ 0.2 \ 1.0]$

由此反推,当 $A = B \circ R = [0.7 \ 1.0 \ 0.5 \ 0.2]$ 时,就是橘子。

第4章

灵活借鉴适者生存的进化规律＝遗传算法

　　遗传算法（Genetic Algorithm：GA）是指模仿生物的遗传及进化，并将对象问题建模，在不需要复杂运算的条件下仅需替换遗传因子就能在一定时间内获得最优解，是一种要领明确的方法。虽然并不能保证获得全局最优解，但是即便是非常复杂的问题，也能在一定时间能获得相应的最优解，可广泛应用于组合最优化问题。对于难以通过算式、步骤等解决的难题，这种方法也有应用价值。

　　为了理解遗传算法的工作原理，本章对遗产分配进行模拟。同样例题在正文中详细解说，在此之前首先通过模拟，实际体验在不需要复杂运算的条件下获得让人满意的分配方法的遗传算法。

模拟示例：通过遗传算法分配财产（依据要领实施正确的遗产分配）

1. 下载文件

　　访问示例下载网址（https：//www.shoeisha.co.jp/book/download/9784798159201），下载 Excel 操作示例程序文件：Ex6_遗传算法.xlsm。

　　进行遗产分配时，如果所有遗产都是现金，依据比例分配就能轻松运算出结果。但是，除现金以外，通常还会有各种形式的遗产。这类遗产不可分割，所以难以按照现金这种连续量处理，从而无法依据比例分配等方法轻松运算。

通过计算机处理遗产分配时，会考虑遗产继承人的所有分配组合，并依据最合适的分配比例。在遗产物件数量较少时，这种处理方式没有任何问题。但是，随着物件数量增多，就会形成庞大的组合模式，通过计算机依次确认需要耗费同样庞大的时间成本[⊖]。因此，即便没有完全遵照遗嘱，为了找出基本相近的分配方式，遗传算法（GA）是有效的。

此处使用的 Excel 程序中，可对最多 30 件财产、最多 8 位继承人进行模拟。但是，首先按 3~5 人左右试着模拟（财产件数可按最大值）。继承人越多，通过这种程度的模拟未必能够获得期待的结果。模拟中，可试着改变遗传因子、突变次数等各种条件。但是，首先应观察最基本的原理。运用熟练之后，可以改变条件、确认每次模拟的个别原理。并非按比例分配，但能够瞬间获得较为合理的分配结果，这就是遗传算法的绝妙之处。

2. Excel 工作表的说明

【财产分配】工作表：关于财产分配的遗传算法的模拟。

3. 操作步骤（见图 4-1）

① 打开【财产分配】工作表。按下【Clear】按钮，开始初始化（重新修改时同样操作）。

② 设定财产价值。通过手工输入设定所需件数，或按下【财产价值】按钮之后自动设定为 30 件。

③ 设定继承比例。通过手工输入设定所需人数，或按下【继承比例】之后自动设定为 8 人。此时，继承比例为 0% 或空白的人被

⊖ 3 位继承人、30 件财产的条件下 $3^{30} \approx 10^{14}$ 种，5 位继承人、100 件财产的条件下 $5^{30} \approx 10^{70}$ 种，组合模式有所区别。使用 2GHz 的计算机进行运算，每种模式需要 200 条命令，每秒进行 10^7 种模式处理。所以，10^{14} 种则需耗时 10^7 秒 =（115 天），10^{70} 种则需耗时 10^{63} 秒（$= 3 \times 10^{55}$ 年，每年约 3×10^7 秒）。

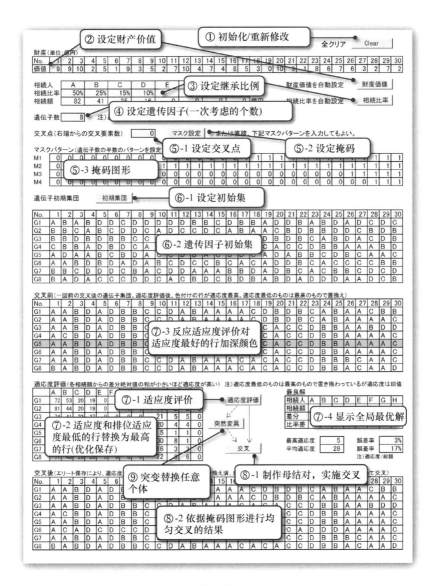

图 4-1　通过遗传算法分配财产的操作步骤

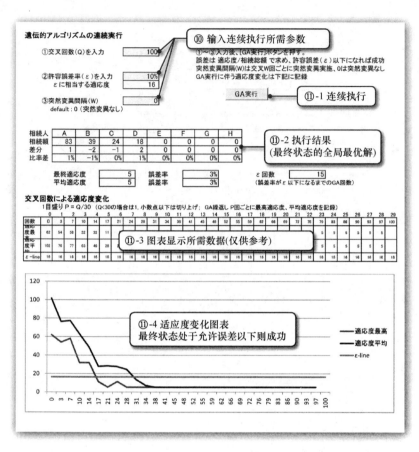

图 4-1　通过遗传算法分配财产的操作步骤（续）

排除在继承人之外（继承人数多时，8 个遗传因子可能无法获得期待的结果，刚开始设置时建议将人数设定为 3~4 人）。

④ 设定遗传因子。非 8 以下的偶数时，内部设定。省略指定时，设定为 8。

⑤ 设定交叉点，按下【掩码设定】按钮。交叉点为 0 时，掩码

图形随机自动生成。

⑥ 按下【初始集】按钮，设定遗传因子初始集。

⑦ 按下【适应度评价】。依据优化保存进行选择（留下合适的）。

⑧ 按下【交叉】按钮。按适应度顺序形成交叉组，依据掩码图形进行均匀交叉。

⑨ 按下【突变】按钮开始突变，任意遗传因子被随机值替换。

重复⑧~⑨可知，全局最优解逐渐得到完善。多次确认之后，切换至连续执行。

⑩ 输入连续执行所需"交叉次数""允许次数""突变间隔"。

⑪ 按下【GA 执行】按钮，进行连续执行。显示执行结果和适应度变化的图表。

4. 注意事项

1）如果仅指定财产价值和继承比例（继承人数为继承比例 0 以外的对应人数），可进行最基本的尝试。

2）依据【掩码设定】→【初始集】→【GA 执行】的顺序按下按钮，显示执行结果。

3）其他按钮及参数熟悉之后，可深度尝试。而且，每次模拟的单个原理也能弄清。

5. 参数等详细说明

1）遗传因子：应用遗传算法时考虑的遗传因子（个体）的个数（8 以下的偶数）。

2）交叉点：指定从遗传因子右端开始算起的位置，可反映于掩码图形中。

3）掩码图形：均匀交叉所使用的掩码图形。可进行直接输入、交叉点指定、随机数设定。交叉是以 2 个遗传因子为一对进行交叉，遗传因子的半数需要掩码图形。直接输入方面，自由输入 0 或 1 的掩码图形。可根据各交叉组，改变交叉点。交叉点指定方面，所有掩码图形可在指定的交叉点制作并且是相同的。在设置随机数的情况下，如果对交叉点指定为 0，可通过随机数制作掩码图形。此外，掩码图形生成之后，也可直接输入更改。

4）遗传因子初始集：通过手工输入或自动生成。

5）交叉前：交叉前的状态。加深颜色表示适应度最高的个体。适应度最低的可被适应度最高的替换。

6）适应度评价：运算与每个人原本继承额度的差额作为适应度，全员的差额合计越小则适应度越高。

7）交叉后：显示依据各交叉组对应的掩码图形进行均匀交叉的结果。

8）【适应度评价】【突变】【交叉】：每次操作的按钮。

9）全局最优解：表示每次交叉的全局最优解。平均适应度就是所有个体适应度的平均值。

10）【GA 执行】：连续执行所需按钮。

11）连续执行：连续执行适应度评价、选择、交叉重复。仅重复指定次数的交叉，收敛至允许误差以内则成功。此时，按照突变间隔中显示的次数，加入通过随机数生成的突变。最终结果显示于执行结果区域。ε 次数是指适应度最高个体的适应度达到允许误差（ε）以内的重复次数。每重复一次之后，可以切换为连续执行。

12）交叉次数产生的适应度变化：每隔一定重复次数的最高适应度和平均适应度的变化显示为图表。

4.1 遗传算法的思路

遗传算法模仿生物的遗传及进化的思路，也就是依据世代更迭的重复逐渐得到对象问题的最优解。这种思路在 20 世纪 60 年代出现，由霍兰德（John Holland，1975）确立概念。现实的世代更迭需要许多年，但计算机瞬间就能完成几万代的更新。问题能够解决是值得庆幸的，但当初缺乏理论证实[⊖]。之后，才开始理论验证及扩展研究。

4.1.1 遗传算法的概念

首先，需要通过能够世代更迭的模型表现对象问题。即，提取对象问题的特征，通过某种字符串表现，此字符串就是世代更迭的对象。而且，这种字符串相当于遗传因子[⊖]。这种建模过程称作编码（Coding），相当于遗传因子设计。在遗传因子设计的同时，需要一个评估解决方案价值的指标。这一指标被称为适应度。

世代更迭包含 3 种操作。①选择：从含有各种遗传因子的个体（补充解）中选择适应度高的。②交叉：替换部分遗传因子，制作含有适应度更高的遗传因子的个体。③突变：为了避免进化停滞，应经常替换新的遗传因子。

⊖ 如果依据进化的法则，则偏差较大。但是，什么情况下偏差扩大顺利，什么情况下偏差扩大不顺利，其逻辑并不清晰。生物的进化并不是从完全无序的状态开始，突变也是存在出现理由的。所以，即使在计算机上，仅通过随机数生成突变是不够的。

⊖ 自威尔金斯和克里克（James Watson & Francis Crick，1953）发现 DNA 的双螺旋结构以来，已弄清楚遗传因子由 A、T、C、G 这 4 个核苷酸组合构成，相关的遗传工程学也得到发展。

概念总结如下所示。

1）遗传因子（Gene）：已提取对象问题特征，作为世代更迭对象的字符串。

2）适应度（Fitness）：表示依据对象问题求取价值的接近程度的指标。

3）选择（Selection）：从许多个体中选出适应度高的个体。

4）交叉（Crossover）：个体之间替换遗传因子的操作。

5）突变（Mutation）：与适应度无关，组合任意遗传因子的操作。

4.1.2 遗传算法的步骤

应用遗传算法的步骤如下所示（见图 4-2）。

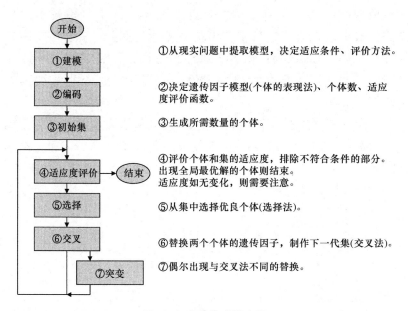

①从现实问题中提取模型，决定适应条件、评价方法。

②决定遗传因子模型(个体的表现法)、个体数、适应度评价函数。

③生成所需数量的个体。

④评价个体和集的适应度，排除不符合条件的部分。出现全局最优解的个体则结束。适应度如无变化，则需要注意。

⑤从集中选择优良个体(选择法)。

⑥替换两个个体的遗传因子，制作下一代集(交叉法)。

⑦偶尔出现与交叉法不同的替换。

图 4-2　遗传算法的步骤

① 建模：提取对象问题的特征，定义目标状态。

② 编码：定义遗传因子及适应度评价函数。

③ 初始集：生成所需数量的含合适遗传因子的个体。

④ 适应度评价：评价适应度，达到目标状态即可。

⑤ 选择：选择含适应度高的遗传因子的个体。

⑥ 交叉：个体之间替换遗传因子。

⑦ 突变：与适应度无关，根据需要组合新的遗传因子。

依据上述步骤重复④~⑦，在步骤④达到目标状态时结束。但是，无法保证一定能够达到目标状态，所以通常需要决定重复次数。如果重复一定次数之后仍然未达到期待的最优解，则继续重复，或重新设定初始集。而且，有时甚至需要从编码开始重新修改。

4.1.3　选择法

世代更迭中，选出含适应度高的遗传因子的个体。选择方法如下所示。

1）优化保存：适应度最低的替换为最高的，按照适应度高低顺序组合为母结对。由此，适应度低的逐渐被淘汰。

2）概率选择：依据与适应度成比例的概率，选择子结对。概率为 $p_i = f_i / F$，f_i 为固体 i 的适应度，$F = \Sigma f_i$。并不因为适应度低而舍弃，但实际上子结对的数量也是有限的，所以适应度低的个体被忽略。因此，还要考虑将适应度进行定标○调整之后使用。

3）竞赛选择：在随机选择的个体中（通常 2 个），选择适应度最高的。始终保留适应度高的，加快收敛。但是，也有可能停留在

○　定标（Scaling）：将适应度直接作为选择的评价值，可转换增幅效果。例如，相对于适应度 f，通过进行 $g = af + b$ 的线性转换，只需增加 b，即使 f 小也不能被忽视。

局部最优解[⊖]。

选择法不限于此，也可组合使用。霍兰德最早提出的方法就是概率选择，之后改良研究持续进行。

4.1.4 交叉法

所选择个体的集中，两个一组制作多组母结对，利用母结对进行遗传因子替换。母结对的最常规组合方法，就是将适应度最高的和适应度最低的按照顺序配对。由此，能够防止遗传因子出现倾向偏移。看似适应度高的组合更具效率，但出现局部最优解的可能性较高。在低适应度的遗传因子中，可能隐藏着导出更优解的条件。另一种组合方法是将其中两个遗传因子随机组合。

母结对完成之后，依据以下方法替换部分遗传因子（见图 4-3）。

1）单点交叉（单纯交叉）：在一个合适的位置更换遗传因子。

2）多点交叉：局部多个遗传因子一起更换，可以更换多处。

3）均匀交叉：依据掩码图形，从父结对复制遗传因子。0 来自父 1，1 来自父 2，以此类推。

4）部分一致交叉：顺序出现问题时，通过单点交叉决定交叉亲本对，并在各个体内替换。

5）顺序交叉：不允许遗传因子重复时，应按顺序替换进行交叉，而不是更换遗传因子本身。

6）子回路更换交叉：多个个体中保持通用部分或良性部分的同时进行交叉。

⊖ 达到目标状态以外的情况。参见第 6 章。

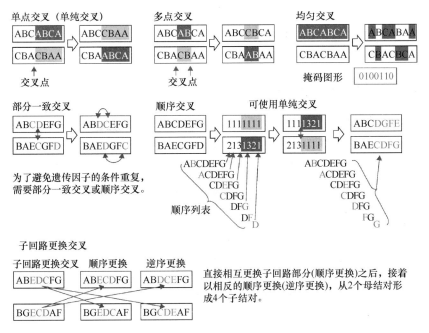

图 4-3　交叉法

4.2 遗传算法的具体事例

4.2.1 财产分配问题

作为难以公式化的组合最优化问题，按照多数人决定的比例，分配具备多种多样价值的物品。试着思考这种财产分配问题（见图4-4）。

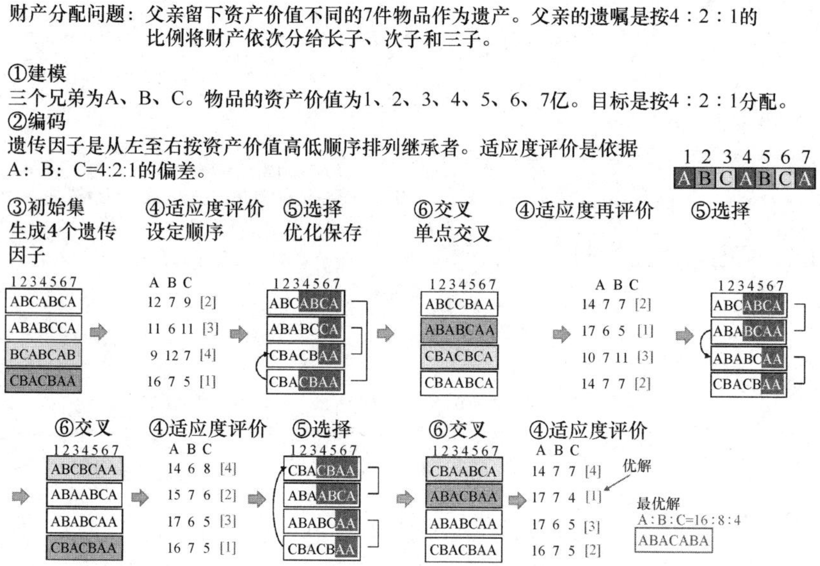

图4-4 财产分配问题

看似依据财产总额及各自的继承比例，就能轻松完成分配。但是，财产物品并非能够连续分割的形式。如果想要严密分配，就会陷入混乱无序的状态。因此，需要尝试几种分配方法，最终依据最接近期待比例的分配方法。其中，包含遗传算法的适用价值。

此处，考虑按 4：2：1 的比例，将 7 件财产分配给 3 个儿子。遗传因子为各财产物品对应排列继承者的 7 种条件的矢量，适应度为每个人的分配比例和期待比例的差。作为初始集，随意从 4 种分配开始，并重复选择和交叉。每次世代更迭中，4 个遗传因子为 2 组母结对（两个一组），各母结对分为 2 个遗传因子，合计制作 4 个遗传因子。重复多次之后可知，无论个体或整体，适应度逐渐改善。

4.2.2　财产分配问题的说明

通过图 4-4 详细观察世代更迭的状态。③的初始集由 4 个随意选择的遗传因子组成。1 号遗传因子表示物品 1 由 A 继承，物品 2 由 B 继承，物品 3 由 C 继承，…，物品 7 由 A 继承。同样观察 2 号遗传因子，则 A 继承物品 1、3、7，B 继承物品 2、4，C 继承物品 5、6。3 号遗传因子表示 A 继承物品 3、6，B 继承 1、4、7，C 继承 2、5。4 号遗传因子表示 A 继承 3、6、7，B 继承 2、5，C 继承 1、4。

依据④评价这些遗传因子的适应度。观察各遗传因子所示分配，1 号遗传因子为 A 获得 12 亿，B 获得 7 亿，C 获得 9 亿。此外，2 号遗传因子为 11 亿、6 亿、11 亿，3 号遗传因子为 9 亿、12 亿、7 亿，4 号遗传因子为 16 亿、7 亿、5 亿。这些分配方法与目标比例 4：2：1 的接近程度，就是所谓的适应度。此处，省略严密的运算，按照适应度高低顺序排列。此时，4 号遗传因子的适应度最高，接着依次是 1 号遗传因子、2 号遗传因子、3 号遗传因子。

依据⑤进行选择。通过优化保存，将适应度最低的遗传因子替换为最高的。即，3 号遗传因子替换为 4 号遗传因子。由此，适应度最高的遗传因子就变成 2 个。并且，这种状态下将适应度最高的遗传因子和最低的遗传因子作为一组结对，再将次高遗传因子和次低遗传作为另一组结对。此时，3 号遗传因子和 2 号遗传因子为一组（结对 1），4 号遗传因子和 1 号遗传因子为另一组（结对 2）。此处，进行单点交叉，结对 1 的交叉点为 2 （从后面开始数的 2 个条件），结对 2 的交叉点为 4 （从后面开始数的 4 个条件）。

依据⑥实际进行单点交叉（单纯交叉）。即，结对 1 替换 2 个遗传因子的后 2 个条件，结对 2 替换 4 个条件。

返回④，对通过遗传因子替换形成的 4 个遗传因子的适应度进行评价。结果，适应度最高的是 2 号遗传因子，A、B、C 的分配为 17 亿、6 亿、5 亿。适应度最低的是 3 号遗传因子，依据⑤选择将 3 号遗传因子替换为 2 号遗传因子，并制作 2 组结对，以 2 和 4 为交叉点进行⑥交叉。

此时，返回④评价孙遗传因子的适应度，适应度最高的遗传因子就是 16 亿、7 亿、5 亿，与最初适应度最高的遗传因子一致。即使适应度最低的遗传因子，也达到 14 亿、6 亿、8 亿。相比最初的状态，整体都是适应度较高的遗传因子。

其次，如果进行⑤选择，将适应度最低的 1 号孙遗传因子替换为 4 号孙遗传因子，制作结对并进行⑥交叉，即使适应度最低的 1 号曾孙遗传因子也能达到 14 亿、7 亿、7 亿，整体都是优化后的集。相比目标分配（4∶2∶1）的 16 亿、8 亿、4 亿，适应度最高的 2 号曾孙遗传因子为 17 亿、7 亿、4 亿，导致 A 多拿 1 亿，B 少拿 1 亿，但还算合适的分配方法。

但是，如果之后继续进行多次世代更迭，无法保证能否达到目标分配。换个观点考虑，都是优化后的遗传因子会导致没有发展性，即使进行世代更迭也不会出现变化。出现这种状态时，如果试着加入未经优化的适应度低的遗传因子，即使整体适应度暂时降低，不久之后也会获得好的结果。

缺乏关于这方面的理论依据确实是难点，但试着这样做，可能确实会出现好的结果。虽说适应度的运算必不可少，但世代更迭本身是按相同步骤重复，非常方便。

4.3　遗传算法的应用

遗传算法的理论背景尚不完整，但应用范围广泛。主要应用领域如下所示。

1）组合最优化问题：在给定的限制中，求取最有效的组合。特别有名的包括"背包问题""货郎担问题"等。

2）布置设计问题：将给定的功能模块，最有效的布置于小空间内。包括 LSI 设计、商业设施的设计等。

3）布置表示问题：通过树形结构、图表显示，将分枝的交叉控制在最低程度。也可应用于商用软件。

此外，任务调度（通过最佳步骤推动许多任务）、控制问题（空调的温度控制等）、计划问题（客运时刻表编制、工作计划编制）等应用领域。

此处，作为遗传算法的应用事例，详细考虑组合最优化问题和布置表示问题。

4.3.1　组合最优化问题

组合最优化在神经网络的篇章中也有说明。从问题的性质考虑，相比重复不断的数值运算，也有更高效求取最优解的方法。遗传算法也最适宜解决这类问题，此处列举特别有名的两个问题（见图 4-5）。

1）背包问题（Knapsack Problem，KP）：将各种形状及重量的物品尽可能合理地装入袋中。"合理"是指使各种物品的合计价值达到最大。

2）货郎担问题（Traveling Salesman Problem，TSP）：几个城市各去一次，合理安排路线。"合理"是指使各城市的路线成本之和达到最小。

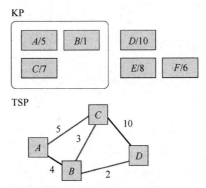

图 4-5　背包问题（KP）和货郎担问题（TSP）的示意图

两个问题看似简单。但是，具体调查便知，如果物品数量或城市数量达到 50 个左右，可选方案超过 10^{12} 种，普通的计算机很难处理[⊖]。如果利用遗传算法，未必能够获得全局最优解，但能够获得最优解的近似解。

具体来说，依据以下步骤进行。

1）决定遗传因子。

KP：各位（Bit）对应各物品（1 为有，0 为无），物品数量对应长度的位串。例如，111000。

TSP：按走访顺序排列着城市名称的符号矢量。但是，没有路的城市不相邻排列。例如，ACBD。或者，相对于城市名称，排列着城市走访顺序的数值矢量。限制条件与上述相同。例如，1324。

⊖　是一种根据规模表示运算时间增加程度的指标，即运算时间的等级。

-O(1)　　与规模无关，一定时间即可，理想的并行处理（m 并行条件下时间 $1/m$）

-O(n)　　线性时间等级；规模达到 n 倍，时间也达到 n 倍。

-O(n^2)　多项式时间等级；规模的 2 次方级所需时间。除 2 次方以外，其他次方同理。

-O(2^n)　指数时间等级；规模的指数函数级所需时间。

组合最优化问题调查之后可知，比 O(2^n）需要更多时间。将其降低至 O(n^2）或 O(n）级的研究正在继续。

2）评价适应度。

KP：限制条件内的个体为物品的合计价值，条件外的个体价值为零。

TSP：累计城市之间的移动距离。

3）随机选择初始集，重复选择、交叉，价值达到一定水平以上则结束。

KP：一般选择、交叉即可。

TSP：走访所有城市＝遗传因子无重复→顺序交叉。

4.3.2　布置表示问题

现象的关系图、程序的结构图、工作的流程图等，通过线连接的网络形式表示多种现象的图有许多。此时，在表示现象时，建议尽可能避免线的交叉。可归类于此类问题的情况较多，并不仅限于网络。

例如，神经网络的说明中提到的 8-Queen 问题也是如此，如果将［各列的 Queen 位置］构成的 8 个条件矢量定义为遗传因子，横向及斜向的争夺数量定义为适应度，则只需重复世代更迭至适应度（争夺数量）达到 0 就能获得解。虽然难以准确求取所有解，但不需要使用神经网络的能量运算等复杂处理方法，可轻松解决。

作为典型的布置表示问题，例如绘制带有层级结构的图表。将节点⊖层级化，各层级内上级层级过度的线应尽可能避免交叉，并通过坐标运算决定各节点的横向位置。通常，交叉的有无，取决于上级层级划向各节点的线有无交点（有无方程式的解）。所以，需要极其复杂的运算。

将其通过遗传算法求解时，节点的层级化与常规状态相同。但是，不需要进行复杂的坐标运算，就能决定层级内横向的节点布置。

① 遗传因子：排列着横向节点编号的矢量。长度为层级内的最

⊖　节点是指表示各种现象的某种图形。

大节点数。

② 适应度：上级节点过渡的线的交叉数。仅需对比有线的节点之间的横向排列顺序，就能判断有无交叉。所以，此处也不需要复杂的坐标运算。

③ 各层级随机决定遗传因子初始集，仅需世代更迭。

④ 建议适应度达到 0（各层级的交叉数量为 0）时停止。但是，这样的布置并非 1 种，并且适应度可能达不到 0。因此，通常每隔几次世代更迭之后显示图表，人工判断达到要求布置状态时停止即可。

布置表示问题的网络拓扑为层级结构或树形结构时，仅需考虑层级内的节点位置。所以，遗传因子也方便制作，且适用效果高。但是，并不保证是最佳布置，采用时必须思考最终如何停止世代更迭。

图 4-6 所示为依据此思路的布置表示问题的事例[⊖]。从左上方至右下方，逐渐变化成易于布置的状态。

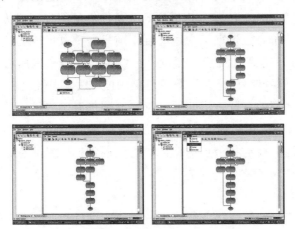

图 4-6 布置表示问题的遗传算法运用事例

⊖ 笔者在公司就职时期，也曾实际应用于产品中。对比另一款仔细进行坐标运算之后决定布置的类似产品，该产品可更快速、准确的决定布置。

第 5 章
有效解决身边问题 = 问题解决

　　"问题解决"是指解决平常身边的问题，且社会上也很重视"问题解决能力"。超越解决给定问题等学校授业范围，自行发现问题也是问题解决的一环。通常，"问题"就是理想和现实的间隙，填补间隙就是"解决"。

　　"问题"分为静态和动态（存在时间轴）。组合最优化问题为静态，但身边的动态问题也有很多。时间轴在现实世界中无法回溯，需要事先通过模拟进行确认。神经网络、遗传算法等偏向静态问题，与解决动态问题的方法不同。即，考虑通过状态转换[⊖]的概念将时间轴的条件建模。

　　作为问题解决的模拟，可参考传教士和食人族的问题。此问题无法递归[⊖]解决，只能试着摸索可能的状态转换。此问题中，可改变人数及船的定员人数，之后详细说明。并且，能够确认每次作用，也能一次性求解。即使未能立即求解，如果观察状态转换（有

⊖　状态转换（State Transition）：离散式划分时间轴，定义各时刻对应状态的变化。

⊖　递归（Recursive）：定义中呈现自己的调出。离散式状态中，以第（n-1）次的状态为基础定义第 n 次的状态时，第 n 次的定义中以第（n-1）次的参数调出自己，达到递归。在学校学习的数学归纳法也是递归，将其直接作为程序即可。由此，如果仅定义由第 1 次的状态和（n-1）次转移至第 n 次的方法，之后可多次规定。

解），必然感到能够解决。

模拟示例：MC 问题（传教士如何不被食人族吃掉就能顺利过河?）

1. 下载文件

访问示例下载网址（https：//www.shoeisha.co.jp/book/download/9784798159201），下载 Excel 操作示例程序文件：Ex7_MC 问题 .xlsm。

MC 问题（见图 5-1）的具体描述：传教士（Missionary）和食人族（Cannibal）的人数相同，有 1 艘定员 2 人的船，如何能将所有人从河的左岸安全转移至右岸？需要注意的是，当同一岸边的传教士人数比食人族少时，传教士就会被吃掉。所以，两边岸上的传教士人数不得少于食人族。并且，为了确保船能够往返于两岸，船上必须乘坐至少 1 人。确保左岸及右岸的传教士人数不少于食人族，看似不可思议。但是，只要仔细观察状态，就能发现这个问题的特殊性，便能解决问题。如果改变 M（传教士）和 C（食人族）的人数及船的定员，并观察各种组合条件下状态转换的情况，就会发现

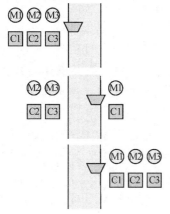

MC问题
传教士和食人族各有3人，打算乘坐定员2人的船从左岸转移至右岸。但是，传教士的人数比食人族少，就会被吃掉。如何在不被吃掉的前提下，全员安全渡河？

图 5-1　MC 问题

与运算问题不同,复杂程度并不会根据问题的规模而增加。仅思考状态转换会导致混乱,如果调查各种状态,有解则必然能够成功解决。所以,这种思路对解决看似复杂的问题有用处。

2. Excel 工作表的说明

【MC 问题】工作表:解决渡河相关问题的模拟。

3. 操作步骤(见图 5-2)

① 打开【MC 问题】工作表,设定【人数】和【定员】。人数输入 3~8,船的定员输入 2~6。

② 如有需要,设定【Step】(0 表示连续执行,1 表示移动 1次)。

③ 按下【初始化】按钮,显示初始状态。上行为 M 的人数对应的颜色标注,下行为 C 的人数对应的颜色标注。穿行的位置用黄色表示。【状态】和【搜索树】也显示初始状态的值。

④ 按下【执行】按钮,开始移动。

⑤ 显示状态转换的情况。

如转移成功,M、C 的颜色标注仅限河的右岸。并且、从上至下追寻【搜索树】各行的绿色单元格,最下行的绿色单元格应为 0(即,左岸的 M 及 C 均为 0 人)。这表示状态转换的路径。

4. 注意事项

1)"人数""定员":M、C 的人数(3~8)及船的定员(2~6)。

2)"Step":0 表示连续执行,1 表示阶段执行(每移动 1 次后停止)。

3)"次数":显示实际移动次数。

4)【状态】:左岸的 M、C 人数及船的位置(t=1 表示左岸,t=-1 表示右岸),同时也表示移动人数及右岸人数(作用条件栏未使用)。

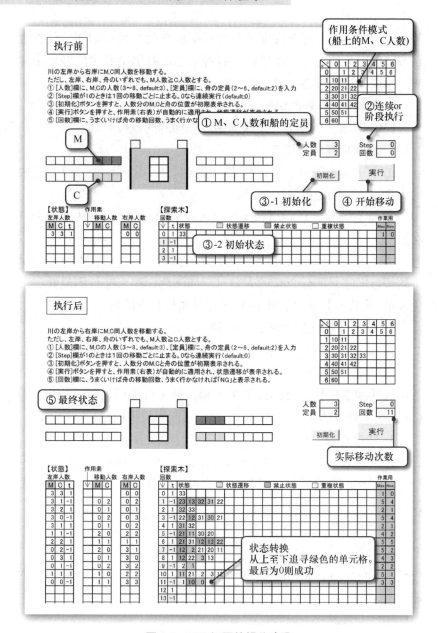

图 5-2 MC 问题的操作步骤

5)【搜索树】：表示各行在当时可考虑到的所有状态。禁止状态和返回之前的重复状态除外，有效状态可在下一行展开。目前追寻的状态标注为绿色。中间出现回溯时返回上一行，如存在有效状态，则将其展开。由此，从上至下依次追寻绿色单元格，作为状态转换的路径。最下行的绿色单元格为 0（即，左岸的 M 及 C 均为 0 人），则成功。

5.1 问题解决方法

解决问题的方法称之为"问题解决方法"。根据问题的特殊性，能够通过简单算式求解的话，必须利用统计学方法思考组合最优化问题。通常，按照以下 2 个阶段进行。

① 问题的建模。

② 状态转换的模拟。

5.1.1 建模

建模[⊖]是指整理问题，并通过计算机处理。相关方法论有许多，整理问题时经常采用 KJ 法[⊖]、思维导图[⊖]。问题整理是指提取解决问题的必要条件，明确这些条件的关系。其次，如果将其定义为状态，并定式化时间性条件对应的变化，就能完成问题的建模。由此，在计算机上就能改变参数进行模拟[⊠]，实现问题解决。

通常的建模方法是指实现参数组合的最优化，也可考虑组合最优化问题。但是，涉及动态问题，具体如下所示。

1）状态在时间轴上依据之前状态决定。但是，并非只有一种

⊖ 建模（Modeling）：通常，是指提取问题中包含的主要条件参数，并通过由其组合而成的算式表现状态。通常，由时间轴以外的参数构成状态。但是，将时间轴也作为一种参数或未考虑时间轴的情况较多。

⊖ KJ 法：1967 年，由东京工业大学的川喜田二郎提出。通过提炼出问题解决相关的末端概念，并形成集群化，从而呈现问题解决的本质。可以说是一种自上而下（详细至集约）的整理方法。

⊖ 思维导图（Mind map）：由英国的托尼·布赞（Tony Buzan）提出。以问题的中心课题为核心，向周围延伸详细的分枝，以呈现全貌。可以说是一种上传下达的（大概念至详细项目）整理方法。

⊠ 模拟（Simulation）：有意改变模型中体现的参数，观察状态的变化。由此，可知达到最佳状态的参数组合。相反，也能依据某种组合，预测状态如何。

状态。这就是状态转换。

2）状态转换通常具备多个状态候补，但选择最佳的状态。

不只是组合最优化问题，对于加上时间轴之后变得更加复杂且无法回溯的问题，通过这种建模及模拟的思路也能有效解决。模拟，是指在计算机上重现状态转换。

为了实现唯一的状态转换，需要某种判断基准。即，相对于状态转换的选项，以一定的评价标准为基础，获得最佳选项。这就是所谓的策略[○]。只要策略明确，就不会对状态转换感到困扰。但是，策略本身也有许多思路，思路不同，状态转换也有可能完全不同。而且，策略的思路与搜索算法[○]相关。

5.1.2　状态转换

与建模相关的定义如下。

1. 状态的定义

1）状态：问题在时间轴上的各过程 P_i。

2）状态空间：所有可能状态的集 $\{P_i\}$。

3）初始状态：问题的初始状态 P_0。

4）目标状态：问题的最终状态 P_n。

5）禁止状态：不允许的状态、违反问题条件的状态。

6）状态转换：时间轴上的状态变化。

7）作用条件：状态转换的条件 δ_i：$P_i - 1 \rightarrow P_i (0 < i \leq n)$

○　策略（Strategy）：达成目标所需的大局思路。于此对比，战术（Tactics）是指更具体的方法论。选择状态转换的选项是一种策略，并非战术，是指任何局面下也能依据通用的思路进行判断。

○　搜索算法（Search method）：通常，是指从多种数据中发现目标物的方法。又称搜索。网络搜索、数据库搜索也是搜索算法之一。此处，是指考虑时间轴，依据策略决定选项。搜索算法在第 6 章中详细说明。

从初始状态开始，依据作用条件进行状态转换，如达到目标状态，则问题解决成功（见图 5-3）。

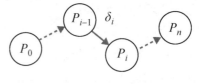

图 5-3　状态转换

2. 搜索树（Search Tree）

为了高效⊖进行状态转换，作用条件如何应用于策略（即各状态）的判断基准必不可少。也就是存在多种状态转换时如何选择？选择的同时，需要考虑问题中给定的条件。状态中包括禁止状态，应避免选择禁止状态。中途无法继续推进时，即可能的状态转换不存在时，返回上一个状态，选择其他候补的状态转换⊖。如上所述，依据时间轴展开的状态转换的情况，能够通过以初始状态为根系的树结构表示。这就是所谓的搜索树（Search Tree）（见图 5-4）。

从根系至树叶的搜索树，可以说是最有效的问题解决方法。

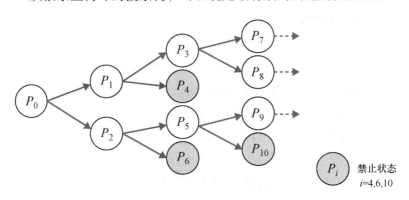

图 5-4　搜索树

⊖　高效是指以现实可行的最快时间或最小成本实现目标。

⊖　回溯（Backtrack），现实问题无法倒回时间轴，但模拟可以。

5.2　问题解决的具体事例

作为算式无法合理表达的动态问题的代表事例，可详细观察模拟示例中的 MC 问题。

5.2.1　MC 问题

如前所述，这个问题无法递归[〇]解决。

问题的规模：M 及 C 各 3 人、船的定员 2 人，图 5-5 所示为该问题的建模示意。

1）以 {左岸的 M 及 C 的人数、船的位置（1/−1）} 表示状态。公式化之后如下所示：

$P_i = (m_i \text{、} c_i \text{、} t_i)$

$0 \leqslant m_i \leqslant 3$，$0 \leqslant c_i \leqslant 3$，$t_i = 1$（左岸）或 -1（右岸）

$m_i \geqslant c_i$　（左岸的人数限制）

$3 - m_i \geqslant 3 - c_i$　（右岸的人数限制）

2）初始状态 $P_0 = (3 \text{、} 3 \text{、} 1)$，目标状态 $P_n = (0 \text{、} 0 \text{、} -1)$

3）作用条件：仅按船的乘员数，增减状态（左岸）的人数 {M 的人数，C 的人数}。公式化之后如下所示。

α：M 仅移动 1 人，$m_{i+1} = m_i - t_i$，$t_{i+1} = -t_i$，

　　$t_i = 1$ 时 $1 \leqslant m_i \leqslant 3$，$t_i = -1$ 时 $0 \leqslant m_i \leqslant 2$。

β：C 仅移动 1 人，$c_{i+1} = c_i - t_i$，$t_{i+1} = -t_i$，

〇　递归（Recursive）的含义已经解释。换而言之，就是减小进程整体规模的同时重复。如果仅定义规模最小时的值，不使用循环的条件下，能够任意扩大规模。

例如，$2^n = 2 \times 2^{n-1}$，$2^0 = 1 (n \geqslant 1)$

如果按照循环定义　$\{x = 1, \text{for } i = 1 \text{ to } n \{x = x \cdot 2\}\}$

递归定义　$P_2(n) = \{\text{if } n = 0 \text{ then } 1 \text{ else } 2\,P_2(n-1)\}$

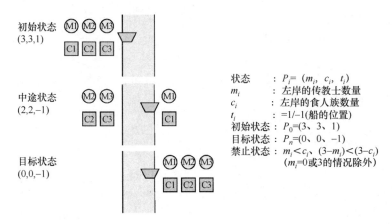

图 5-5　MC 问题的建模示意

$t_i = 1$ 时 $1 \leqslant c_i \leqslant 3$，$t_i = -1$ 时 $0 \leqslant c_i \leqslant 2$。

γ：M 移动 2 人，$m_{i+1} = m_i - 2t_i$，$t_{i+1} = -t_i$，

　　$t_i = 1$ 时 $2 \leqslant m_i \leqslant 3$，$t_i = -1$ 时 $0 \leqslant m_i \leqslant 1$。

δ：C 移动 2 人，$c_{i+1} = c_i - 2t_i$，$t_{i+1} = -t_i$，

　　$t_i = 1$ 时 $2 \leqslant c_i \leqslant 3$，$t_i = -1$ 时 $0 \leqslant c_i \leqslant 1$。

ψ：M、C 分别移动 1 人，$m_{i+1} = m_i - t_i$，$c_{i+1} = c_i - t_i$，$t_{i+1} = -t_i$，

　　$t_i = 1$ 时，$1 \leqslant m_i \leqslant 3$ & $1 \leqslant c_i \leqslant 3$。

　　$t_i = -1$ 时，$0 \leqslant c_i \leqslant 2$ & $0 \leqslant c_i \leqslant 2$。

　　复杂烦琐的定义，关键在于通过 1 次船的移动，{M}、{C}、{MM}、{CC}、{MC} 的任意一种模式就会出现人数增减。但是，乘坐人数不得超过船所在岸边人数，且最少必须乘坐 1 人。因此，

留意左岸的人数，存在上述 5 种作用条件。

观察可知，状态的定义为左岸 $m_i \geqslant c_j$，右岸 $3-m_j \leqslant 3-c_j$，得到的结果居然是两岸的传教士均较多。但是，考虑到以下禁止状态，也就不难理解了。

4）禁止状态 $P_j = (m_j 、 c_j 、 t_j)$

$m_j < c_j$（除了 $m_j = 0$）或 $3-m_i < 3-c_i$（除了 $m_i = 3$）

如果 $m \geqslant c$ 且 $3-m \geqslant 3-c$，则必须始终确保 $m = c$，且合理使用禁止状态的"除了……"。即，传教士人数为 0 则不可能被吃，对岸的传教士就是 3 人，比食人族的人数多，可排除在禁止状态之外。同理，如果食人族的人数为 0 时，对岸的食人族就是 3 人，所以并不是与传教士的人数无关，通常需要考虑禁止状态。

5.2.2　MC 问题的搜索树

此事例的搜索树中，移除禁止状态及 2 次回溯的重复状态，可适用的作用条件基本锁定为 1 种。所以，无须展开枝叶就能轻松构建搜索树（见图 5-6）。图不是树形，但尽量视为左端是根系，枝叶从左至右展开。此时，移除禁止状态之后仅剩 1 种状态，枝叶对应此状态展开。

i = 0 L	1 R	2 L	3 R	4 L	5 R	6 L	7 R	8 L	9 R	10 L	11 R
(3,3,1)	(3,2,-1)	(3,3,1)	(3,1,-1)	(3,2,1)	(3,0,-1)	(3,1,1)	(2,1,-1)	(2,2,1)	(0,2,-1)	(2,1,1)	(0,1,-1)
	(3,1,-1)	(3,2,1)	(3,0,-1)	(3,1,1)	(2,1,-1)	(2,2,1)	(2,0,-1)	(1,3,1)	(0,1,-1)	(1,1,1)	(0,0,-1)
	(2,3,-1)		(2,2,1)		(2,0,-1)	(2,1,1)	(1,2,-1)	(1,2,1)		(0,3,1)	(1,0,-1)
	(2,2,-1)		(2,1,1)		(1,1,-1)	(1,3,1)	(1,1,-1)	(0,3,1)		(0,2,1)	
	(1,3,-1)		(1,2,1)			(1,2,1)	(0,2,-1)			(1,2,1)	

注）船交替往来于左岸(L)　▢状态转换　■禁止状态　▨重复　▨回溯
及右岸(R)

图 5-6　MC 问题的搜索树（图 5-4 的搜索树的完整形态）

实际上，依据此状态转换的情况如图 5-7 所示。

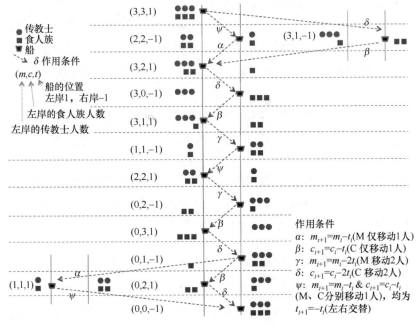

图 5-7 MC 问题的解

第6章

如何选择最有效的路径？=搜索算法

问题解决过程中，需要考虑到策略的搜索算法。本章中，讲述主要搜索算法的特征。首先，通过模拟观察各种搜索算法的差异。

模拟的搜索算法如下所示。

1）分支定界算法：从所有路径中找寻最佳（累积成本最小）的路径。

2）爬山算法：根据眼前的路径，选择将来成本最小的路径。

3）最佳优先搜索：认为爬山算法太过随意。所以，包括尚未选择的路径在内，选择将来成本最小的路径。

4）A 算法：综合考虑将来成本及累计成本，有效选择最佳路径。

模拟示例：搜索算法的对比（以最低成本搜索登顶路径）

1. 下载文件

访问示例下载网址（https://www.shoeisha.co.jp/book/download/9784798159201），下载 Excel 操作示例程序文件：Ex8_搜索算法.xlsm。

假设如图 6-1 所示的搜索树，从山脚（*A*）登上山顶（*Z*）。中途设有休息场所，各路径标有成本（时间及费用）。通过之前所述的 4 种搜索算法，观察各休息场所的成本评价及行进方式。

搜索树通过 Excel 表格（Node tree）呈现，或许难以形成树的形象，但能够体现各节点至之后的子节点的路径成本。对比图 6-1 和 Node tree，希望能够理解。如果直接替换 Node tree 的表格，也可进行默认以外的模拟。

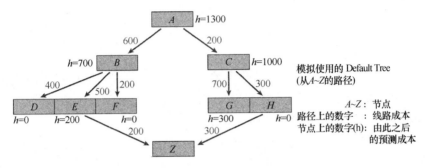

图 6-1　模拟使用的搜索树

2. Excel 工作表的说明

【搜索算法】工作表：搜索算法模拟。

【搜索算法补充】工作表：搜索算法模拟所需设定信息（不可更改）。

3. 操作步骤（见图 6-2）

① 打开【搜索算法】工作表。手工（直接）输入 Node tree，或按下【Default】按钮之后自动设定。

② 选择搜索算法，开始执行（按下【分支定界算法】~【A 算法】按钮的任意一个）。【Step】为 0 时连续执行；为 1 时每回搜索 1 次的阶段执行。

③【Stack】中展开搜索状态，显示"记录"和"路径"

即便这种程度的搜索树，也能看清不同搜索算法导出的路径有所差异。如果使用稍微复杂的搜索树，甚至能够实际体验到路径优

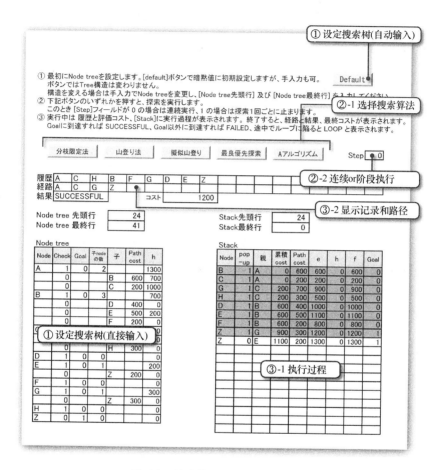

图 6-2　搜索算法对比的操作步骤

劣的判断。改变 Node tree 的结构或许比较烦琐,但仅改变成本就会比较轻松,可以试一试。

4. 注意事项

1)"记录":显示所有搜索到的节点。

2)"路径":显示从初始状态至目标状态的最终路径。

153

3)"Node tree 起始行""Node tree 最终行":表示搜索树表格的起始行及最终行。仅改变搜索树的成本值时直接使用,但改变结构时必须指定。

改变搜索树结构时应注意以下事项。

① "Node"栏填写节点名称,"Goal"栏为目标则填写 1,并填写子节点数、搜索成本。

② 填写子节点名称及其路径成本、搜索成本(子节点数量对应的行)。

③ 各节点也要填写①、②。

④ "Check"栏为内部工作区域。

4)"Stack":用于探索的内部工作区。子节点信息在此处展开并继续搜索。已检查的节点为灰色。此处展开子节点信息,推动搜索。确认完成的节点标为灰色。"Stack 起始行"及"Stack 最终行"为内部信息,仅供参考。

6.1　搜索算法的分类

6.1.1　搜索算法的概念

搜索算法是指问题解决的状态空间内，从初始状态至目标状态的路径决定方法。问题解决的范围内，仅考虑避免作用条件的限制及禁止状态。但是，搜索算法进一步考虑了以下概念。

1）到达保证：搜索不循环，在某处停止。不考虑停止的位置是否有解。

2）全局最优解：达到目标状态。

3）局部最优解：达到目标以外的状态。

4）最佳路径：考虑路径成本⊖时，应为达到目标状态的成本最小的路径。

5）累积成本：达到各种状态的路径成本（实际值）。

6）将来成本：从各种状态达到目标状态的路径成本（推测值）。

毫无遗漏的确认所有路径非常困难。此处，先对不考虑成本的条件下确认所有路径的方法进行说明。其次，思考对各种状态设定某些评价值，并依据策略（基于评价值）缩小搜索空间的搜索算法。

6.1.2　搜索算法的策略分类

依据策略的思路，可对搜索算法进行如下分类。

1）盲目搜索：随机选择可适用的作用条件。不考虑重复，有

⊖　时间及费用。或者，是指接近目标的某些评价值。

解也无法保证到达目标状态。

2）系统搜索：确认所有状态空间（无重复），如有解，必须到达目标状态。但是，效率低。

3）启发式搜索：依据经验缩小状态空间，实现高效化。

完全没有策略性的盲目搜索，例如通过随机数决定工作方法即可。作为日常的实际问题，与此相似的无计划行为较多。即便如此，应考虑尽可能避免重复、扩大搜索效果等，制定某些评价标准，优先考虑评价值高的。

因此，作为评价标准，应考虑以下评价函数。

$$f(n) = e(n) + h(n) \tag{6-1}$$

式中　$e(n)$——累积成本，初始状态至状态 n 的（认为最小）实际成本；

　　　$h(n)$——将来成本，状态 n 至目标状态的预计最小成本（如果不清楚则使用近期成本）。

即，评价函数为过去的实际成本（累积成本）和将来预测（将来成本）的合计。但是，这些成本在过程状态下均无法确定真实价值。即使过去的实际经验，之后考虑也有可能发现更好的路径。所以，并不知道最佳的累计成本。说到将来成本，只能完全依靠预测。此外，评价函数方面，为了使用式（6-1），需要考虑累计的方法及活用经验规则。

6.2　系统搜索（Systematic Search）

首先，思考如何毫无遗漏的确认所有路径。这或许耗费时间，或许并不实际，但一一筛查之后将最佳路径作为解是最理想的方法。这种搜索算法就是系统搜索，分类如下所示（见图 6-3）。

1）深度优先搜索：利用栈（Stack）⊖的全路径搜索。不考虑成本，无评价函数。

2）广度优先搜索：利用队列（Queue）⊖的全路径搜索。不考虑成本，无评价函数。

3）分支定界算法：全路径搜索。朝着累积成本小的方向搜索，保证最佳路径。

评价函数：$f(n) = e(n)$。

6.2.1　深度优先/广度优先搜索（Depth-first/Breadth-first Search）

这两种搜索不考虑成本，均为依次搜索全路径的方法。深度优先搜索是发现 1 个作用条件（可适用的）之后继续搜索，广度优先搜索是展开所有作用条件之后搜索。深度优先的搜索方向正确，则搜索快。但是，无法继续搜索时需要回溯，从而展开新的作用条件，耗费更多时间。另一方面，广度优先搜索已经展开所有可适用的作用条件，即使回溯也会更快。但是，整体来说，展开所有作用条件下同时进行搜索，即使不回溯也会很慢。

为了能够回溯，这两种方法均需要记录状态。但是，深度优先

⊖　Stack：后进先出法，即 Last-in First-out。
⊖　Queue：先进先出法，即 First-in First-out。

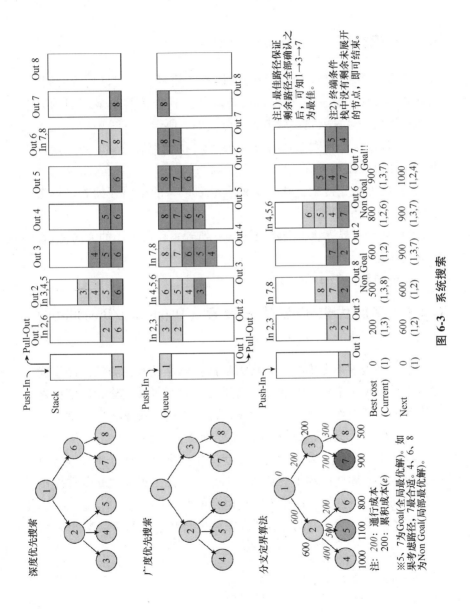

图 6-3　系统搜索

搜索使用栈，广度优先搜索使用队列。通常，如果是深度优先搜索，会覆盖不需要的工作区域，所以工作区域缩小。如果是广度优先搜索，判断需要或不需要之前均记录，所以工作区域扩大。综上所述，深度优先及广度优先均有各自的优势及劣势。第 5 章的 MC 问题的模拟中，已使用深度优先搜索。

6.2.2　分支定界算法（Branch and Bound Method）

与深度优先搜索或广度优先搜索的到达即可不同，分支定界算法选择最佳路径搜索。为了定义最佳路径（即，成本低的路径），在定义成本之后，每次评价成本的同时进行搜索。成本的定义依据评价函数，但分支定界算法仅使用积累成本。

搜索顺序不同于深度优先或广度优先的既定顺序，而是通过评价函数优先选择累计成本小的路径。因此，就是任何状态下，至少也能选择其中最佳的路径。最终达到目标状态时，即可求取所有路径中的最佳路径。

分支定界算法是一种系统求取最佳路径的最准确方法。但是运算过程曲折，并不现实。

6.3　启发式搜索（Heuristic Search）

分支定界算法仅考虑累积成本，运算速度非常慢。所以，需要考虑能够预测将来成本，并提高效率的算法。本节中，并未说明具体的成本预测方法。但是，以存在某些经验值、要求值、报酬等为前提进行思考。这种搜索算法就是启发式搜索，分类如下所示。

1）爬山算法：朝着将来成本小的方向搜索。无回溯，不保证全局最优解。评价函数为 $f(n) = h(n)$。

2）最佳优先搜索：朝着将来成本小的方向搜索。观察其他状态的同时进行搜索。保证全局最优解。评价函数为 $f(n) = h(n)$。

3）A 算法：记忆过去的路径，观察其他状态的同时进行搜索。保证最佳路径。评价函数为 $f(n) = e(n) + h(n)$。

4）A* 算法：在将来成本中设置限制，使 A 算法稳定化。保证最佳路径。评价函数为 $f(n) = e(n) + h(n)$。

6.3.1　爬山算法（Hill-climbing）

仅使用将来成本作为评价函数，在不记忆过去路径的条件下仅考虑将来进行搜索。爬山过程中，只盯着山顶攀登。将来成本在各状态下得到合理设定之后，即可最快达到全局最优解。但是，将来成本为推测值，有可能会弄错路径，得到局部最优解。不记忆过去的路径，所以无法回溯，最终可能导致搜索失败。

看似危险的方法，但实际却是我们最常用的方法。虽说是将来成本，其实仅考虑近期将来的成本，并朝着最小成本的方向搜索。即便如此，也能在有限时间内依据判断标准搜索，所以是一种有效的方法（见图6-4）。

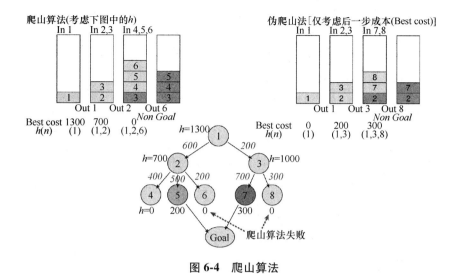

图 6-4　爬山算法

6. 3. 2　最佳优先搜索（Best-first Search）

爬山算法可能会在无法回溯的条件下失败，所以需要一种陷入局部最优解时重新确认其他状态的改良方法，即最佳优先搜索。与爬山算法相同，评价函数仅使用将来成本，不记忆过去的路径。但是，改善方面就是在各状态（包括未调查状态）下对比评价函数。如果未调查状态（未选择状态）的将来成本比正在搜索路径上的将来成本低，则中断当前路径，从将来成本更低的其他状态重新开始。由此，即使仅考虑将来成本，至少也能在任何状态下选择当前的最佳路径。并且，即便陷入局部最优解，也能在未调查状态中从将来成本最低的状态重新开始，必然会达到目标状态。

如上所述，最佳优先搜索既能利用爬山算法的速度优势，又能如同分支定界算法一样，将未调查状态也考虑在内，保证全局最优解。但是，达到目标状态即结束。即，一旦达到目标状态，就不会调查其

161

他状态，虽然是全局最优解，但未必是最佳路径（见图 6-5）。

最佳优先搜索的原则是必须达到目标状态，评价函数中不包含累积成本，且不记忆过去的路径。所以，如果希望通过最低成本达到目标状态，还需要更多考虑。

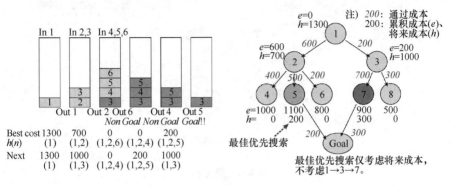

图 6-5　最佳优先搜索

6.3.3　A 算法（Algorithm A）

如式（6-1）所述，A 算法的评价函数使用累积成本和将来成本的总和。并且，记忆过去的路径，在各状态中（包括所有未调查状态）对比评价函数，朝着最小值的方向选择。因此，任何状态下均能始终选择最佳路径，必然能够通过最佳路径达到目标状态。虽然搜索过程中需要经常切换路径，但由于考虑了将来成本，不至于像分支定界算法一样在所有路径之间搜索。所以，这是一种实用的算法。

但是，该算法仍然存在问题。通常，将来成本难以预测，如果失误将其设定为过大的值，该状态或许永久无法选择。即便如此，仍会达到目标状态，所以搜索并未失败，但可能不是最佳路径。为了避免这种情况，需要进一步考虑将来成本如何设定（见图 6-6）。

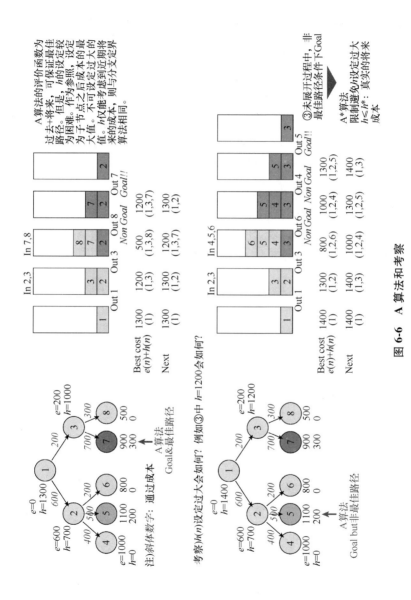

图 6-6　A 算法和考察

163

6.3.4 A* 算法 (Algorithm A*)

A* 算法中，对 A 算法的将来成本设置了以下限制。

$$f(n) = e(n) + h(n) \qquad (6\text{-}2)$$

$$h(n) \leqslant h^*(n)$$

式中 $h^*(n)$——n 之后的真实最小成本[⊖]；

$e(n)$——节点 n 之前的积累成本；

$h(n)$——节点 n 至终点的预测成本。

如果在将来成本中设置式（6-2）所示的限制，任何状态下都能选择之后的真实最小成本。所以，在达到目标状态时也能维持真实的成本（此时是指与累积成本等价的确定值）。通过 A* 算法，完全能够保证全局最优解（达到目标状态）及最佳路径。

⊖ $h^*(n)$ 等方便的数值或许事先并不已知。但是，解决实际问题时，总会有一定预估值。例如，如果成本是金钱，应考虑预算及最高运费；如果成本是地图上的距离，应考虑绕道最远的路程。即使 h^* 估计过小，所有状态的 h 均能设定低于 h^*。而且，h 过小的情况在实际遇到这种状态时通过 e 修正，并不是问题。

6.4　搜索算法汇总

本章中所述搜索算法的特点如图 6-7 所示。

速度方面，最快的是始终向前推进的爬山算法，最慢的是需要确认所有路径的分支定界算法。但是，其他三种策略难分优劣。图 6-7中，最佳优先搜索比 A 算法快，但这是由于评价函数简单，且容易集中需要确认的路径。但是，实际上 A 算法也有可能更高效地选择路径。此外，A* 算法需要确认将来成本，看上去每次都会耗费多余的时间。但是，这是由于制作搜索树时设定的，执行搜索时与 A 算法相同，或者可执行高效搜索。

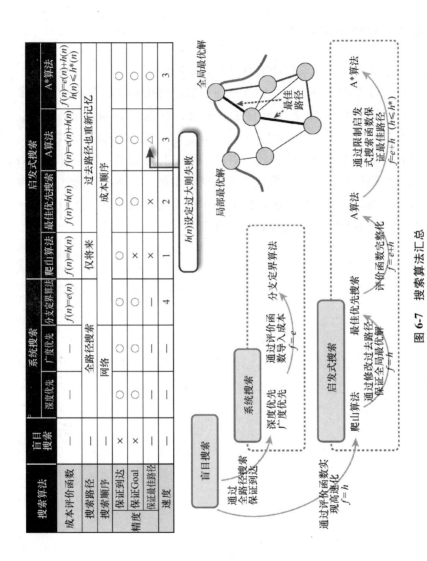

图 6-7　搜索算法汇总

第 7 章

出现对手时的应对方法＝游戏算法

　　如果是常规的问题解决，可始终保持最佳状态。但是，游戏是交替重复最佳和最差的状态。这种状态转换的搜索树，称之为游戏树（game tree）。但游戏树通常难以料想终局（即，目标状态）之前的状态转换及评价函数。当然，专业棋手能够读出更多步。这种情况下，应假设许多步之后的游戏树，并考虑在此阶段的最佳棋招。各种状态下评价函数能够获得最大或最小值即可，其他多余状态不做确认，可缩小搜索空间。这就是所谓的游戏算法。

　　游戏依据最终评价值[○]决定胜负，不需要考虑过去的累计评价值。并且，无法回溯，也不需要记忆过去记录，相当于搜索算法中的爬山算法，而爬山算法能够多大程度地预估成本是一个问题。拙劣的棋招就是只看眼前，如同爬山算法只看眼前的最佳路径。厉害的棋手能够读出许多步，爬山算法同样也是朝着失败少的方向搜索。所以，游戏算法就是存在对手的特殊爬山算法。

　　○　游戏的评价值不难决定。象棋吃掉对方的将就能获胜，围棋多赢一子就能获胜。虽说如此，中途状态无从得知。因此，调查过去棋谱中呈现的胜局模式，对其进行评价。模拟中并不考虑复杂的评价值，而是使用策略可知程度的单纯评价值。

模拟示例：通过 α-β 剪枝算法进行卡牌游戏（通过简单卡牌游戏挑战电脑！）

1. 下载文件

访问示例下载网址（https://www.shoeisha.co.jp/book/download/9784798159201），下载 Excel 操作示例程序文件：Ex9_游戏算法.xlsm。

通过简单的卡牌游戏，对 α-β 剪枝算法[注]进行模拟。如同象棋、围棋等，以彼此之间的棋艺或状态已知为前提的对战游戏，并设定为以下单纯游戏。

1）对战双方为己方和计算机，分别持有扑克牌的 13 张牌。

2）交替出任意 1 张牌，与对手刚出的牌的差值（绝对值）累积算作积分。

3）所有牌出完之后，得分多的获胜。

4）出牌之前设定起点数值，先出牌一方出的牌与其差值算作得分。

或许有人会想："这么简单的游戏没意思，每次出比对方差值最大的牌就行!"，但这只是考虑眼前一步，与许多步之后的状态不同。

计算机可以依据 α-β 剪枝算法读出许多步之后的状态，所以己方也要试着多想几步，避免输掉游戏。

2. Excel 工作表的说明

【游戏算法 α-β 剪枝算法】工作表：游戏模拟。

【解说】工作表：游戏模拟的解说。

3. 操作步骤（见图 7-1）

[注] α-β 剪枝算法：通过游戏缩小搜索空间的方法（详细说明见 7.2 节）。

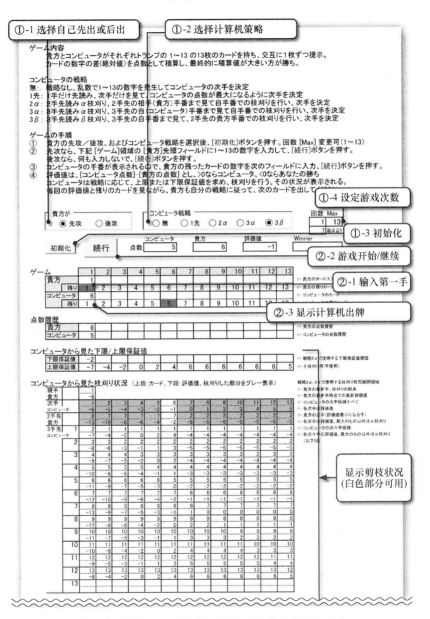

图 7-1　通过 α-β 剪枝算法进行卡牌游戏的操作步骤

169

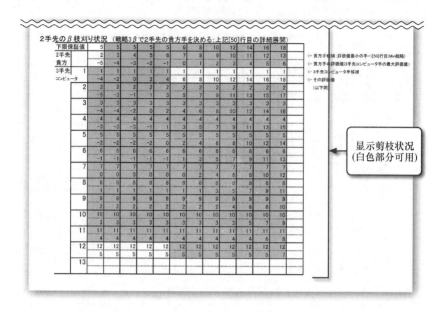

图 7-1　通过 *α-β* 剪枝算法进行卡牌游戏的操作步骤（续）

① 打开【游戏算法 *α-β* 剪枝算法】。选择己方的先出或后出及计算机策略，按下【初始化】按钮。在 "Max" 单元格中输入游戏次数。

② 如果己方先出，在 "游戏" 区域的 "己方" 先行字段中输入第一手，并按下【继续】按钮（游戏开始）。

如果己方后出，无需任何输入，按下【继续】按钮（游戏开始）。

③ 计算机出牌之后，从己方 "剩余" 卡牌中选择数字，并输入于下一栏中，按下【继续】按钮（游戏继续）。

④ 显示每次的评价值、计算机的剪枝实施状况。"Max" 中指定的次数结束之后，依据评价值的正负，显示 "Winner"。

4. 注意事项

1）"计算机策略"：选择以下 5 种中的任意一种。

无：无策略。随机产生 1~13 任意数字，决定计算机的下一手。

后一步：仅读取一步之后。仅观察已布置好，并决定下一步使计算机的分数达到最大。

2α：两步之后 α 剪枝。观察对手（己方）两步之后，依据己方走子进行剪枝之后决定下一步。

3α：三步之后 α 剪枝。观察计算机自身三步之后，依据己方走子进行剪枝之后决定下一步。

3β：三步之后 β 剪枝。观察对手三步之后，依据对手走子后两步进行修枝之后决定下一步。

2）"分数"：显示每次双方的得分。

3）"评价值"：双方的差值就是评价值。评价值为正值时计算机赢，为负值时己方赢。

4）"游戏"：己方在标黄的单元格中输入要显示的卡牌。每次必须从"剩余"卡牌中选择。

计算机依据策略出示一张卡牌。

5）"分数记录"：显示每次分数的记录。

6）"从计算机观察到的下限/上限保证值"：显示剪枝所使用的下限或上限保证值。

7）"从计算机观察到的剪枝状况"：剪枝部分标为灰色，策略 2α、3α、3β 时使用。

8）"两步之后 β 剪枝状况"：策略 3β 时使用。计算机从未标色的单元格中选择数字最小的卡牌。

通过上述模拟，可知如下结果。

1）策略"一步之后"中，计算机同样单纯依据当前对手走子，选择差值最大的卡牌（绝对值最大）。

2）但是，如果通过策略"2α"观察两步之后，未必需要出差值最大卡牌。

3）其次，如果通过策略"3α"观察三步之后，甚至有比出差值最大卡牌更好（评价值更大）的走子方式。

4）策略"3β"接近实际的 α-β 剪枝策略，依据三步之后的计算机走子，对两步之后的己方走子实施 β 剪枝，其结果与 2α 或 3α 不同。

真实的游戏中，随着读取之后走子步数增多，评价值运算也会变得复杂，但能够掌握剪枝游戏策略的意义。然而，人类在下象棋或围棋时并不仅仅考虑这种策略，还包括直觉条件。近年来，计算机象棋还有兼用与剪枝算法不同的胜利模式学习策略。

7.1　Min-Max 算法

游戏树中进行以下状态转换。

1）在自己的回合（己方走子）时，从可想到的选项中选择最佳状态（评价值最大）。

2）在对手的回合（对方走子）时，从可想到的选择中选择对手最有利（对自己最不利）的状态。

交替实现己方走子最大（Maximum）及对方走子最小（Minimum）的评价值状态，这就是 Min-Max 算法（见图 7-2）。

己方走子读取至两步之后，即游戏树展开至两步之后时，想要两步之后的己方走子获得 Max 评价值（见图 7-2 的 $\sigma01\rightarrow\sigma13$）。但是，此前（一步之后）的对方走子获得 Min 评价值（图 7-2 的 $\sigma01\rightarrow\sigma12$），所以并不是单纯考虑两步之后获得 Max 评价值即可。两步之后的 Max 评价值，必须以一步之后获得 Min 评价值为前提。即，依据一步之后的对方走子获得 Min 评价值候补（见图 7-2 的 $\sigma11$ 和 $\sigma12$），思考 Max 评价值（见图 7-2 的 $\sigma00\rightarrow\sigma11$）。

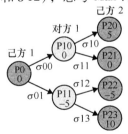

己方 2

自己打出己方最佳走子(Max)
对手打出对方最差走子(Min)

两步之后的价值为己方第2次走子时，
自己的己方第1次走子应为Max(对方1)
对手的对方第1次走子应为Min(己方2)
Max(对方1)=Max(Min(己方2))=Max(0,–5)=0→$\sigma00$
己方第2次走子即使产10的价值，也不能打出$\sigma01$

图 7-2　Min-Max 算法

如果仅考虑一步之后，只需观察对方走子的评价值获得 Max 评价值即可。但是，即使仅考虑几步之后的游戏树，选项数量的乘积就能展开分枝，使搜索空间变得庞大。分析几步之后的所有分枝，从中获得最佳的走子是极其复杂的。

7.2 *α-β* 剪枝算法

游戏树的搜索空间庞大，如果 Min-Max 算法中难以分析所有分枝，可考虑减少被分析分枝的数量。在此基础上，利用 Min-Max 算法的特点。即，各状态中感兴趣的只是 Min 或 Max 的评价值，带有其他评价值的状态可以舍弃。集中关注点，某种状态之后舍弃不评价的方法就是剪枝（pruning），分为以下两种。

1）*α* 剪枝：己方走子，舍弃比下限保证值[⊖]*α* 小的正下方的对方走子节点。

2）*β* 剪枝：对方走子，舍弃比上限保证值[⊖]*β* 大的正下方的己方走子节点。

例如，通过图 7-3 所示的两步之后的游戏树可知，依次分析一步之后（对方走子），状态 P10 条件下获得 *σ*11。其次，开始分析状态 P11，如果已知 *σ*12 的评价值比 P10 的 *σ*11 差，且 P11 已经无法比 *σ*12 好，所以必然比 P11 差。换而言之，目前无法比 P10 的 *σ*11 好。此时，*σ*11 的值 0 为下限保证值。如果除 P11 以外一步之后的对方走子尚处于分析状态，且未发现比 *σ*11 差的选项，则将其中最差的选项作为新的下限保证值。但是，在发现任何一个比 *σ*11 差的选项时，其他走子已经没有分析的必要。这就是 *α* 剪枝。

通过对方走子进行同样考虑，就是 *β* 修枝。通过 Min-Max 算法进行这种剪枝，就是 *α-β* 剪枝算法。

根据读取之后的具体步数，搜索空间有所变化，甚至还会出现修枝失败。即，走子继续，之前预想的评价值错误时，已经依据错

⊖ 下限保证值这个词并不常用，保证不比这个值好。

⊖ 上限保证值是指保证不比这个值差。

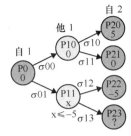

己方第 1 次走子为最低 0(下限保证值)，
已知 $\sigma12$ 为 -5 时，P11 的评价值为 $x\leqslant-5$，
Max(对方1)=Max(Min(己方2))=Max(0,x)=0
因此，P11 以下不需要评价

己方走子的评价值的下限保证值 α
→比 α 小的正下方的对方走子不需要评价(α剪枝)
对方走子的评价值的上限保证值 β
→比 β 大的正下方的己方走子不需要评价(β剪枝)

图 7-3　α-β 剪枝算法

误的评价值进行修枝，无法返回。此时，即为修枝失败。读取之后
的步数越多，修枝越准确。但是，在未能事先掌握全部的前提下，
难以避免修枝失败（见图 7-4）。

作为现实问题，即使修枝失败，也无法看到未来，无法判断是
否失败。因此，只有在各种局面下，通过限定步数的剪枝下选择最
佳的走子。

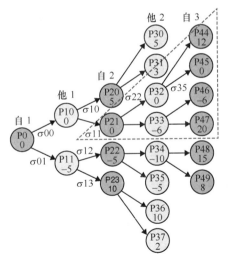

对方走子的 β 修枝
对方第 1 次走子在 P20 之前评价 P21 时，
P20 的走子拥有 0 以上的分枝，则不评价。
即，已知 P20 的走子为 5 时，P20 的评价中断

下一个己方走子的局面
如果己方第 1 次走子获得 $\sigma00$，对方第 1 次
走子获得 $\sigma11$，则己方第 2 次走子为虚线围
起的两步之后的范围内

剪枝失败
己方第 2 次走子时，两步之后读取的 P48 及
P49 均未呈现 -10 的评价值，且实际如左图
所示，则 P34 的评价值为 8。由此，P22 及
P11 均为 8，己方第 2 次走子剪枝 P11 以下是
不合适的。
如果分析至四步之后，己方第 1 次走子获得
$\sigma01$，剪枝 P10 以下

图 7-4　α-β 剪枝算法的进程

第8章

通过机器模拟人类学习的过程 = 机器学习

通过计算机实现人类凭借经验及教育等学习的过程，就是机器学习（Machine Learning）。换而言之，就是根据系统的目的，自主改善计算机内的模型。既然是学习，不仅包括单纯的记忆，还需要限定输入对象的概念，即"概念学习"。

例如"三角形的内角和为 180 度"，这个大家都知道。但是，最初是从各种图形中观察区分，经过试行错误才能得出三角形的定义。或者，稍微模棱两可的例子，如果有人问："Rich（富有）是指什么？"，你会如何回答。或许，每个人的定义并不相同。因此，在区分是否富有的过程中，很快就会得出富有的定义。

概念学习并不是机器学习的全部，与神经网络、知识表示等协同发展，使得深度学习近年来广受推崇。但是，与机器学习相同，概念学习的难点也是不同于单纯记忆。所以，先来体验最基础的概念学习。

模拟示例：通过版本空间法进行学习（教会人工智能语言的意义）

1. 下载文件

访问示例下载网址（https://www.shoeisha.co.jp/book/download/9784798159201），下载 Excel 操作示例程序文件：Ex10_机器学习

Version 空间 . xlsm。

　　模拟利用本章中即将说明的版本空间法，进行三角形概念学习。三角形或许太过单调，还可试试"Rich（富有）是指什么?"的概念表达。通过正例/反例的操作，概念表达所需条件值会发生敏感变化。最后，收敛于某种条件的某个值，不再变化。这就是概念表达，即三角形、富有等概念的具体内容表达。此外，通过替换事例，还能进行各种各样的概念表达。

　　2. Excel 工作表的说明

　　【Version 空间法】工作表：版本空间法模拟。

　　【VSdefault】工作表：版本空间法模拟所使用的事例数据（不可更改）。

　　3. 操作步骤（见图 8-1）

　　① 打开【Version 空间法】，按下【Clear】按钮，开始初始化（重新修改时同样操作）。

　　② 将概念及事例输入表 E 中，或者按下【Default-1】或【Default-2】按钮进行自动设定。

　　③ 设定表 E 大小（行数、列数），按下【Set】按钮（Default时不需要）。

　　④ 选择表 E 的一行，在【选择】栏中输入 1（正例）及 -1（反例）之后，按下【Check】按钮（执行学习）。

　　⑤ 表 G 和表 S 更新。常数仅用于字符串对比，其含义不被感应。变量用"*"表示。

　　⑥ G = S 时学习成功，显示"SUCCESSFUL"。

　　⑦ 之后也可继续，但 G 和 S 不变。如果发生变化，则概念产生矛盾。（显示"WRONG"）。

　　⑧ 即使选择表 E 的所有行，仍然无法达到 G = S，则学习失败（显示"FAILED"）。

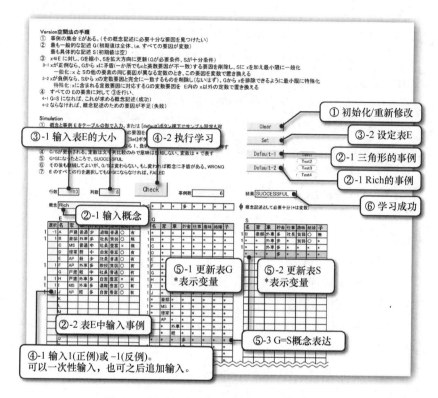

图 8-1 通过版本空间法进行学习的操作步骤

此模拟事例表达了"Rich 是指存款多，其他条件不考虑"的概念。但是，依据正例/反例的指定方法，概念表达有所改变。如果正例/反例的指定有矛盾，则学习失败，包括这类情况在内就是概念学习，可以通过各种尝试之后理解效果。

4. 注意事项

1）"概念"：达成学习目标的概念。用其他词语（条件）表示就是目标。

2）"表 E"表示事例数据。此表的第 1 行为概念表达的条件。

替换可在表框的范围内进行。"选择"栏中输入 1（正例）或 -1（反例）。

3）"行数""列数"：表 E 的行数和列数。更改表 E 时输入。

4）"表 G"表示最常规的概念空间。

5）"表 S"表示最特殊的概念空间。G、S 均以"*"表示变量（与概念表达无关）。

8.1 机器学习的基本思路

机器学习领域涉及面极其广泛且研究意义深远，所以具有多种多样的方法，不仅限于近年来备受瞩目的深度学习。对应人类的学习水平，基本的方法论分为以下几种思路。

1）示教学习：对导师的知识进行形式转换，整合于现有知识中。

2）演绎学习：从已知的知识中生成具体概念，作为新的知识加入其中。

3）归纳学习：从已知的知识或新的导师事例中提取共通概念，并将其加入到整体知识中。

4）强化学习：依托与环境的相互作用，考虑以环境适应条件为依据的回报，同时调整知识。

5）启发式学习：从给定的环境中形成不断发展的新概念，并调整整体的知识。

前三种学习方式存在导师事例，是传统学习方法。后两种学习方式没有直接的导师事例，是无监督学习方法。此外，深度学习也被定义为启发式学习。

前者通常仅用于现有概念中，但后者潜藏着重新建立概念的可能性。以此说法，或许后者比前者更为优越。但是，根据目的不同，有时候也需要前者，并且前者甚至可以发挥出比后者更好的效果。

8.1.1 监督学习（Supervised Learning）

按照人类的学习水平，首先需要老师教授，随着知识逐渐积累之后在自己大脑中形成概念，甚至于产生新的发现。这种最初阶段的机器学习就是监督学习。

1. 示教学习（Learning by Being Told）

示教学习是直接记忆给定的导师事例，提取知识时的模式与导师事例完全相同。如同小学上课时，学生按照老师教的内容回答问题。

2. 演绎学习（Deductive Learning）

演绎学习不仅直接记忆导师事例，还将其组合一起生成新的知识，与导师事例不同的模式也可运用。例如，依据三段论法，借助"①狗是动物""②动物可以动"等知识，可导出"③狗可以动"的知识。组合现有知识并导出新知识就是"规则合成"，可应用于证明等。但是，演绎学习仅限于现有知识组合的范围内，即使生成与导师事例同等或更加详细的知识，也无法生成新的概念。

3. 归纳学习（Inductive Learning）

归纳学习可将导师事例集约为更加优越的新概念，与概念学习相符。所谓的高等教育中，最终老师所说的会被理解为学生自身的语言。具有代表性的方法就是版本空间法，是从多种导师事例中提取共通条件，并生成新概念的学习方法。这是一种概念化的学习方法，古典且基础的思路，之后详细说明。

8.1.2　无监督学习（Unsupervised Learning）

人类的学习水平是这样的，我们最终将能够反驳我们的老师，并提出老师没有教过我们的东西。机器学习能做到这一点吗？

1. 强化学习（Reinforcement Learning）

强化学习不使用导师事例，而是观察环境适应的相应报酬，同时推进学习。具有代表性的方法就是 Q 学习，设定 Q 值作为评价值，并提高该评价值。下一个状态只由当前状态和与状态转换相应产生的回报决定，可依据下式更改各状态的 Q 值。

$$Q(s_{i+1}) = (1-\alpha)Q(s_i) + \alpha R(s_i) \qquad (8\text{-}1)$$

式中　　$Q(s_i)$——状态 s_i 条件下的 Q 值；

　　　　$R(s_i)$——状态 s_i 条件下的报酬；

　　　　α——学习率，$0 \leqslant \alpha \leqslant 1$。

在学习过程中，α 越接近 0，Q 值变化越激烈。但是，通常学习的初始阶段中增大 α，最终阶段减小 α。强化学习的领域已成为近年来学习研究的核心，通过升级发展的启发式学习等形式，用于数据挖掘⊖、聚类⊖，并推广运用至大数据分析中。

2. 启发式学习（Heuristic Learning）

人类的学习过程是在受教之中逐渐发展，经过上述学习过程的前提下，最后凭借自身能力获得新启发。这种启发活动有时仅仅是直觉、灵光一现等，有时能够符合以下理论说明。

普通的推理：$(A \rightarrow B)$ &（A 为真）$\Rightarrow B$ 也为真

　　　　　　　$(A \rightarrow B)$ &（$B \rightarrow C$）$\Rightarrow (A \rightarrow C)$（三段论法）

启发式推理：$(A \rightarrow B)$ &（B 为真）$\Rightarrow A$ 也为真

　　　　　　　$(A \rightarrow B)$ &（与 A 相似的 A' 为真）$\Rightarrow B$ 也为真

目前的学习方法依据所谓的普通推理，局限于现有数据的范围或环境内。将其扩大至范围外进行学习，就能产生新的启发。这种思路早已出现，20 世纪 70 年代发现数学定理的系统⊜、数据挖掘所需聚类方法⑭等许多学习方法被研究出来。目前，处于顶端的就是

⊖ 数据挖掘（Data Minning）：利用统计学方法等，从许多观测数据中找出规律性。

⊖ 聚类（Clustering）：依据特点，对观察数据进行分类。或者，是指从初始数据的多维空间映射至降低维度的空间。

⊜ 20 世纪 70 年代后半期，据说 D. Lenat 的 AM（Automated Mathematics）在初等数学及集论中发现了 200 个以上定理。内部为利用最佳优先搜索的规则转换系统，很早之前就开始启发式学习的尝试。

⑭ 例如，统计学机器学习利用贝叶斯概率，准确地从初始数据映射至分类条件。此外，还有许多其他学习方法论。

深度学习。但是，如果想要发展至真正的启发式学习，还有很多课题需要解决。

　　下一节开始介绍传统的监督学习，对容易理解的版本空间法及近年来备受瞩目的深度学习等进行说明。

8.2 版本空间法（Version Space Method）

在机器学习中，版本空间法是一种用于概念提取的归纳学习方法。

8.2.1 版本空间法的思路

版本空间法是归纳学习的代表方法之一，从有限的导师事例中发现通用的一般规律。基本思路如下所示：

① 依据导师事例是（正例）否（反例）符合概念，将正例常规处理，并排除反例。

② 正例的常规处理，是指作为正例的多个导师事例中如果存在表示相同概念的多种参数，可以将这些参数替换为通用的变量。同时，与此正例矛盾的表示除外。

③ 反例的排除，是指包含参数与作为反例的一个导师事例中呈现的参数（哪个是反例的原因并不清楚）相同的所有事例均除外。其次，经过变量处理的概念，特殊处理之后仅保留反例中不包含的参数。经过特殊处理的概念，可能需要概念表达。

④ 对所有导师事例重复这种操作，具体的参数及变量混合形式的表示如无变化，则此表示就是求取的概念表达。此时，参数直接保留的条件，就是表示目标概念特点的重要部分，经过变量处理后的条件并不是本质。

导师事例或其一部分经过变量处理之后的表示集，就是版本空间（Version Space）。②从最特殊的概念表达开始，其中无变量变化。③从最常规的概念表达开始，其中所有变量均可变。④由两者收敛为同一表达式最终确定的概念描述代表目标概念。

8.2.2　版本空间法的具体事例

此处，学习一下如何表示"三角形"的概念较为合适（见图 8-2）。

导师事例分别包含三种事例，"大小""颜色""内角和"。各种导师事例是否为三角形是已知的，但"三角形"的概念表达中需要哪个条件并不清楚。

首先，如下所示，假设两种特殊空间。依据这种状态，对几种导师事例进行基于版本空间思路的操作①～③。

其中，G 指最常规的概念描述的空间。所有条件通过变量表示，成为包含任何内容的描述。S 指最特殊的概念表达的空间。所有条件通过参数直接表示的正例集，最初为空集。

首先，（大、白、π）的事例为三角形的正例，所以 $G=\{(x、y、z)\}$，$S=\{(大、白、\pi)\}$。

其次，（大、白、2π）并非三角形，即为反例，所以 G 的概念表达的变量替换为（大、白、2π）以外的参数。此时，特殊处理为"非大""非白""非 2π"等概念表达。S 并非参数均一致的事例，所以不变化。

此外，（大、黑、π）为正例，关注与 S 的现有事例（大、白、π）之间表示不同的同类条件。此时，"黑""白"属于此类条件，如果将此类条件置换为变量 y，则 $S=\{(大、y、\pi)\}$。G 如果也是与此正例（大、黑、π）矛盾的表示，移除即可。所以，$G=\{(x、黑、z)，(x、y、\pi)\}$。

综上所述，如果对各监督事例进行①～③的操作，之后就会达到④$G=S=\{(x、y、\pi)\}$（见表 8-1）。因此，作为"三角形"的概念表达，"内角和为 π"这个参数是极为重要的。大小及颜色经过变量处理，条件任意。

概念学习并不是单纯的记忆，此过程相当于特征提取。但是，实际问题难以通过这种单纯的过程解决。如果是"三角形"，特征

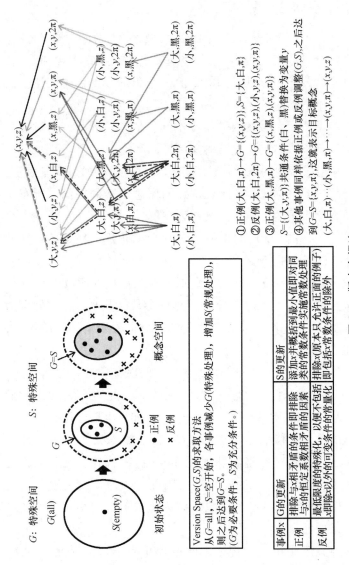

图 8-2 版本空间法

提取所需条件项目可以是大小、颜色、内角和等单纯条件。

表 8-1　版本空间的变化

事例	正/负	G	S
①(大,白,π)	正	$\{(x,y,z)\}$	$\{(大,白,π)\}$
②(大,白,2π)	负	$\{\cancel{(大,y,z)},(小,y,z),\cancel{(x,白,z)},(x,黑,z),(x,y,π),\cancel{(x,y,2π)}\}=\{(小,y,z),(x,黑,z),(x,y,π)\}$	$\{(大,白,π)\}$
③(大,黑,π)	正	$\{\cancel{(小,y,z)},(x,黑,z),(x,y,π)\}=\{(x,黑,z),(x,y,π)\}$	$\{(大,白,π),(大,黑,π)\}=\{(大,y,π)\}$
④(大,黑,2π)	负	$\{\cancel{(x,黑,z)},(x,y,π)\}=\{(x,y,π)\}$	$\{(大,y,π)\}$
⑤(小,白,π)	正	$\{(x,y,π)\}$	$\{(大,y,π),(小,白,π)\}=\{(x,y,π)\}$
⑥(小,白,2π)	负	$\{(x,y,π)\}$	$\{(x,y,π)\}$
⑦(小,黑,π)	正	$\{(x,y,π)\}$	$\{(x,y,π)\}$
⑧(小,黑,2π)	负	$\{(x,y,π)\}$	$\{(x,y,π)\}$

（G＝S，已经不需要调查）

但是，通常难以提取其条件项目。并且，条件项目、这些条件获得的值均为多种多样的，所以版本空间法的 G 和 S 变得庞大，或许并不容易达到 G＝S 的收敛状态。

关于这一点，类似于深度学习中无须给定特征提取所需条件。即使特征提取所需学习时间较多，给定条件项目也没有难度，使用非常方便。然而，由于深度学习就不是以概念表达为目的，即使进行特征提取，也有可能未明确提示其理由。基于这方面内容，在下一节对深度学习进行介绍。

8.3 深度学习（Deep Learning）

深度学习是一种近年来广受关注的学习方法，在没有导师事例或回报的状态下，适应给定的环境。例如，在许多照片中自动提取猫的共通概念，辨别新给定的照片是否为猫。

基本的思路参见第 1 章及第 2 章的说明。之前的学习方法中，有的需要导师信号，即使没有导师信号，也必须由人类设定学习重点。但是，深度学习中，即使未给定任何条件也能自发提取特点，并依据该特点，通过抽象化概念整理繁杂的数据。所以，最适合应用于整理大量数据，提取重要论点的大数据分析。所提取的特点概念如何命名由人类决定，但仅限于猫等已知概念，或许会提示连人类都无法想象的新概念。换而言之，深度学习已经接近启发式学习。

深度学习的书籍较多，此处重点介绍与其他学习（特别是概念学习）的差异。深度学习的方式多样，且多层级是其结构特点。接下来，以简单结构的无监督学习为主进行说明。

8.3.1 通过自编码器识别三角形

第 2.4 节中所述自编码器的测度逐渐（从输入层至输出层）减小，所以最终层呈现测度压缩的分类结果。但是，数据测度的均方排序的加权矩阵与层级对应，所以数据量庞大。本书中的模拟规模极其小，称不上深度学习。但是，这种程度的规模足够说明原理。那么，能否实现版本空间法中列举的"三角形的特征提取"？

版本空间法是基于"三角形是什么？"观点的概念学习。虽然人类对各数据是否为三角形给出了导师信号。但在自编码器的条件下，人类不给定正解。即，数据中不含正例/负例等导师信号，只有繁杂的图形。在此状态下，是否能够区分三角形及其他形状？接下来，通过第 2 章使用的模拟示例三来尝试解答。

在 "Ex3_Autoencoder. xlsm" 的【Pattern】工作表中选择 "Triangle" 之后，就能进行三角形和四边形的分类模拟。谷歌公司的猫脸识别是在学习大量图片之后提取复杂的猫脸特征，当然能够轻松识别三角形等。但是，猫脸识别是针对大规模网络，这种小规模模拟的结果会是怎样？结果就是不同于○×识别，难以推进。即便如此，如果将输入数据控制为 2~3 个为一组（合计 6 个以下），使用【Filter】按钮或许也能分类。

版本空间法中，能够将 "内角之和为 π" 等特征作为导师数据。但是，此处无法分类这种抽象特征。因此，完全依据形状的类似性（例如，顶端尖锐，且尖锐部分有 3 个的形状）。○×的条件下，能够依据 "周围是否围住" "中心部分是否黑色" 等容易识别的形状特征进行识别。三角形和四边形均为围住的形状，从这种观点考虑难以区分。所以，其模拟有一定困难性。

但是，随着像素提高，顶端尖锐等形状特征就会更加清晰。但是，"尖锐部分 3 个" 这种概念不仅需要形状对比，还应进行 "计数" "旋转" 等操作。即，自编码器无法将朝上及朝下的三角形统一分类为三角形，需要更高级的深度学习技术。

图 8-3 所示为 3 层 4 个数据中顺利分类出三角形的示例。此图中，25 维矢量组成的输入模式为三角形则分类为 [1, 1]，否则分类为 [1, 0]。这种小规模的模拟也能分类三角形，确实意义非凡。但是，通过从 [1, 1] 逆向使用各层加权的转置矩阵求取的代表模式有些走形○。

○　实际如此例所示通过 Ex4 模拟顺利分类三角形的情况极为少见，必须多次重复【Init】及【Learn】。并且，即使最终得以分类，结果的一种为 [0, 0] 时，仍然无法生成代表模式。这是本模拟的极限，请知悉。

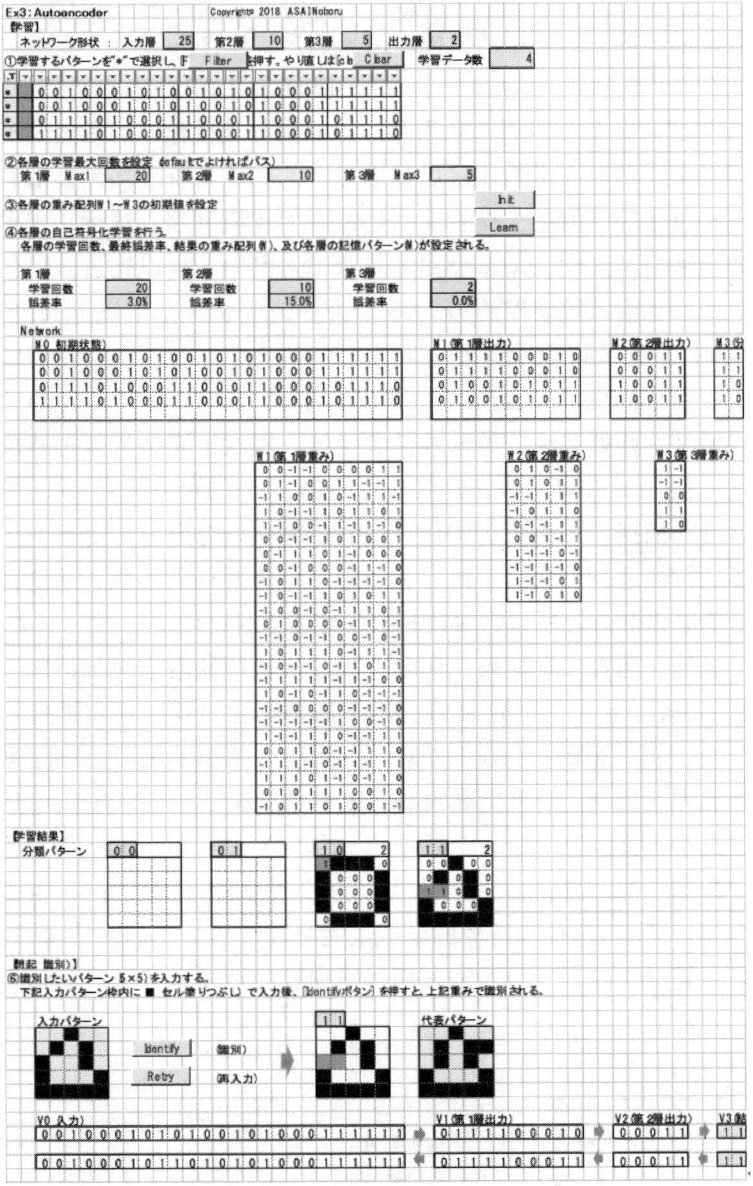

图 8-3 Ex3 模拟的三角形分类（范例）

此模拟中除了三角形，还能尝试竖横条、数字 0/1 识别等。而且，这些识别比三角形更加容易，不妨一试。

8.3.2　深度学习的目的以及与概念学习的差别

由于这种模拟的规模小，所以称不上深度学习，但包含深度学习的相关原理。即，特意列举这种模拟示例是为了实际体验导师版本空间法和无导师自编码器之间的目的差别，可以概括为以下两点：

1）自编码器的目的是为了自动分类繁杂的数据，与分类结果基于何种概念无关。因此，即使分类相同，分类结果的值也有可能不同。只要能够分类，值本身并不是计算机的问题，人类准确定义即可。

2）版本空间法的目的就是结果的定义，附带进行分类。分类本身不是目的，不会执意概念偏差（负例）的分类。相反，分类结果的值必然一定，所以此值表示概念。

自编码器的验证均称不上深度学习，但大部分深度学习以自编码器为基础，上述目的差异相同。即，基于深度学习的分类学习，并不是将版本空间法的"三角形概念"表象化○。并且，代表模式无法确保最佳形式，无法将其作为分类结果的真实状态，不是表达概念的最佳模式。图 8-3 所示的代表模式同样并非最佳。

即便如此，通过概念学习决定正例或负例异常困难，且概念表达本身也不简单。概念学习中，如果人类给定的概念定义出现错误，就会造成致命结果。即便这种情况，深度学习也能准确识别

○　严谨地说，三角形的概念也不是"内角之和为 π"。例如，球面上构成的三角形的内角之和比 π 大，平面上弧线构成的三角形的内角之和同样不是 π。深度学习没有这种"人类错误"，但需要注意验证结果。此外，通过自编码器及 RBM 的 CD 法的无监督学习作为大规模监督学习的事先学习，有助于求取加权矩阵等参数良好的初始值。

"三角形"。深度学习毫无偏见的分类给人类宝贵的启示，可能产生人类意想不到的结果。

能够在非导师信号条件下进行分类，即能够从庞大数据中自动进行特征提取，在数据爆炸的当今时代实属难得。如果人类能够根据实际生活正确获得分类结果，就有可能确立新的概念。但是，无论规模多大，深度学习的目标相同。即使深度学习能够提取人类未发现的特征，也不会产生概念意识。因此，其合理性必须由人类判断。

8.3.3 深度学习所需网络

实际上，深度学习中基本很少使用自编码器。虚拟感知机的加权矩阵达到节点数量均方的规模，规模及计算量均庞大。其次，还存在各层的学习精度问题，以及维度压缩之后分类结果的值本身并不一定的问题。以下就是将这些问题进行改善，在实际深度学习中使用的主要网络。

1. 受限玻尔兹曼机（Restricted Boltzmann Machine，RBM）

RBM 是将当初用于语言学领域的理论作为自编码器及玻尔兹曼机的研究延伸，并设计出高效的学习方法（CD 法：Contrastive Divergence）得以实现[⊖]。

思路是采用仅保留玻尔兹曼机的输入及输出层（可见层）和隐藏层之间的连接，取消其他各层内连接的结构，形式与自编码器各层的虚拟感知机相似。学习朝着整体能量函数最小的方向推进，同

⊖ 2012 年的图像识别国际比赛中识别率直接提升 10%，获得压倒性胜利。之前的图像识别水平为 75%左右，相当于每年提升百分之几，具有划时代意义。此后，不仅限于图像识别，在各种领域成为主流。人类的图像识别达到 95%，据说目前深度学习的识别率已经超过此水平。例如，相比人工，计算机控制监控摄像头更加精确。

玻尔兹曼机一样包含准确率条件[一]。所以，不会陷入局部解，获得最优解的可能性高[二]。

设置许多受限玻尔兹曼机，将隐藏层作为下一层级的输入层连接而成的网络就是深度信念网络（Deep Belief Network，DBN）。可进行高精度的维度压缩，可用于实用性深度学习，特别是图像识别、声音识别。

2. 卷积神经网络（Convolutional Neural Network，CNN）

CNN 的原型就是 1919 年 NHK 放送技术研究所的福岛邦彦设计的神经认知机，是一种学习法不断升级，但结构基本相同的层级型网络。

CNN 的层级结构以 2 种层为一对，并排列成多层的形式。即，各层并非依据一种加权统一进行维度压缩，而是先设定"①特征提取所需过滤器（Filter[三]）"，接着设定"②将其结果集中于附近（Pooling[四]）"，具有 2 种层的操作，①和②作为一对重复进行维度压缩。各层的测度通过"Pooling"层集中之后降低，经由"③最后按设计分类数分配的全连接层"，最终输出层获得经过特征提取的分类结果。

各层中，通过特征提取所需过滤器逐渐分类。需要设定过滤器的过程，但对比数据规模，通常过滤器使用相当小的矩阵。根据需要提取的特征，直接为每个特征准备多个过滤器即可。所以，对比导师信号等难以设定正确数据的情况，更容易设定。例如，图像识

[一] 第 2 章的玻尔兹曼机。

[二] 进行精确学习，也无法保证 100% 获得最优解。因此，近年来通过量子退火（Quantum Annealing）等硬件，更加精确稳定网络能量最小值的方法也在研究之中。

[三] Filter：特征提取所需过滤器。

[四] Pooling：集中、汇总等。

别中，将纵向线、倾斜线、天空颜色等单纯模式设定为过滤器即可。

学习时的计算考虑各过滤器的数据矩阵及过滤器矩阵的相似度。与节点数的平方的规模相比，过滤器越小，工作区域就越小。但是，在对数据进行移位过滤时，需要多次进行相似度计算（各元素的对比或乘积累加运算）。所以，即使一次计算量小，也要多次重复，所以计算总量仍然庞大。

只需设定过滤器就能敏锐呈现初始数据的特征反映，容易出现意想不到的特征提取。因此，通过"Pooling"集中于附近，形成整体平滑的特征提取。例如，根据精度不同，即使蓝天中有鸟的黑色阴影，也会通过"Pooling"吸收于天空之中。并且，如果大群鸟形成整面阴影，间隙中隐约可见的蓝天会被吸收为鸟群的黑色阴影。因此，"Pooling"对消除杂音非常有效，能够提取数据的本质。

由此，各过滤器能够形成从初始数据中经过特征提取的卷积数据，最后由全连接层以所有卷积数据为基础，分配至设计的分类模式中。过滤器的设定最初由人类执行，但近年来以提取的特征为基础，过滤器本身作为学习的一环进行生成。CNN 作为深度学习网络，近年来备受瞩目。

8.3.4 深度学习相关状况

实用性深度学习的规模大，处理理论复杂，实际通过硬件构建网络并不轻松。因此，需要建立一般用户使用的服务器、PC 也能进行深度学习的环境。这些环境包括高速的硬件、计算机语言、库以及在软件中构建深度学习环境的框架。关于这些方面，将做简要介绍。

1. 深度学习所需硬件

实际通过硬件构建网络时另当别论，在常规服务器上进行深度学习时，如果频繁出现的乘积累加运算也能高速处理，就能大幅缩短整体学习时间。因此，可利用并行处理乘积累加运算的 GPU[⊖]、向量指令[⊜]。

2. 深度学习所需软件

近年来，Python[⊜]经常被用于深度学习，但并没有深度学习专用计算机语言，所以任何语言均可使用。

除了乘积累加运算的并行化，还包括其他并行化，有一些并行化语言和库[Ⓝ]支持多芯片、多处理器的并行处理。深度学习的软件并不一定需要并行化，但在无法使用高价 GPU 的环境下，软件的并行化有利于高速学习。

3. 深度学习所需框架

通常，深度学习由以下条件组成。

⊖ GPU（Graphics Processing Unit）：开发用于图像处理的多组芯片进行并行处理的专用芯片组，比一般 CPU（Central Processing Unit）的工作频率更大。由于多组芯片并行处理，所以简单计算非常快。通常配合 CPU 使用，但数据位于 CPU 管理的存储器中，使用 GPU 时必须将庞大的数据传送至 GPU。但是，传送之后就能独立于 CPU 并行处理，具有提升传送效率的效果。拥有绝对市场占有率的就是 NVIDIA 公司，它从最初的图像处理开始就一直在研发通用化的 GPGPU（General Purpose GPU）。其最新的芯片组搭载 5000 个芯片。

⊜ 向量指令（Vector Instruction）：同类型的许多数据重复相同运算时，通过错开运算各阶段（指令请求、执行、后处理等），能够同时处理多个数据的指令，在 Intel、AMD 的芯片中是标准配置。

⊜ Python 容易作为脚本语言，可制作许多机器学习所需库，容易组合。脚本语言（Script Language）是指限定处理目的的简单计算机语言的总称，包括 UNIX 操作系统的 ShellScript、网络浏览器的 JavaScript。通用编程语言中，还有 Perl、PHP 等。Python 于 20 世纪 90 年代出现，目前常用于深度学习中。虽然它基本是解释语言，但具有高级库，数值运算所需 NumPy 也能自动进行矢量处理，运行速度极高。

Ⓝ 作为标准化配置，包括并行化所需的 OpenMP、并行处理及数据传送所需的 MPI（Message Passing Interface）。目前，以人类通过程序指定并行化、数据传送为前提，Loop 能够自动检测。并且，通过 Intel 等公司的编译器已经得到实用化。其次，Loop 以外的任务并列自动检测也在研究开发中。

1）多层级型神经网络。

2）通过加权矩阵进行乘积累加计算。

3）活性化函数、误差修正、评价函数等。

已尝试提供这些条件作为框架。如果使用这些条件，即使未实际构建硬件网络，也能在 PC 上轻松尝试真正的深度学习。即，通过软件能够构建 RBM、CNN 等网络结构。乘积累加运算可利用之前所述的 GPU，也可不使用 GPU。许多框架支持 Python 语言，但部分框架也可使用 C/C++等语言。

也有几种可下载使用免费软件的框架$^{\ominus}$，本书的模拟之后的下一阶段就是实际挑战深度学习。

$\ominus$　Linux、MacOS、Windows 上均可使用的主要免费框架如下所示。

　·Caffe（UC Brekeley，2013）：首个公开的框架，相对容易实现环境定义、网络定义，容易理解，适用于 Python、C++。

　·Chainer（Preferred Networks，2015）：源自日本的实用性框架，能够通过 Python 程序自行进行深度学习。

　·Tensorflow（Google，2015）：Google 公司开发的内部工具。可利用 Keras 等上级库。适用于 Python、C++、Java。

第9章

通过在机器上表示人类知识就能代替人类工作=知识表示和专家系统

知识表示，是指人类的知识及对象问题建模所需的表示方法。即便脑的结构被弄清，如果没有表示知识的方法，则无法传递知识。语言即为表示方法之一，但计算机难以直接运用自然语言。通常，计算机的数据中存在表示方法，通过数值、文字及符号等能够实现各种数据结构的外部表示。但是，作为知识的表示，需要考虑以下几方面。

1）声明式⊖表达。其结果、更新等方便独立。
2）系统式⊜描述。其结果、搜索及更新更高效。

表达一系列运算法则的常规程序等不适合知识表示。

与存储常规数据的数据库相同，存储知识表示的数据库就是知识存储库，也称作"知识库"。知识库可视为专家的大脑中存储的知识，搜索、咨询及推理相互组合，构建成代替专家的系统，即专家系统。

模拟示例：病情诊断专家系统（去医院之前咨询人工智能）

⊖ 声明式（declarative）：表示事物的性质及关系。反义词"程序式（procedural）"为 How 型，则声明式为 What 型。

⊜ 系统式（systematic）：严密且灵活整理概念的层级及关系的必要方式。但是，无法形成排序。

1. 下载文件

访问示例下载网址（https://www.shoeisha.co.jp/book/download/9784798159201），下载 Excel 操作示例程序文件：Ex11_病情诊断 ES.xlsm。

模拟专家系统，体验简单的病情诊断系统。而且，也可增加或更改产生式规则（9.1.1 节详述）、问诊单等。并且，已准备正向推理及反向推理的产生式规则，使得这种程度的系统也能实际体验效果。

2. Excel 工作表的说明

【正向推理 ES】工作表：正向推理的模拟。

【反向推理 ES】工作表：反向推理的模拟。

3. 操作步骤（见图 9-1）

① 打开【正向推理 ES】工作表（【反向推理 ES】工作表的操作步骤相同）。按下【初始化】按钮，开始初始化。

② 在问诊单中输入回复内容（输入■或√等）。

③ 按下【诊断】按钮，执行推理。

④"病名清单"中显示结果。"评价值"栏中最大值对应的病名被标色。

※更改问诊单、产生式规则时，注意以下几点。

正向：保持问诊单的第 1 列与 Rule Base 行的对应、病名清单与 Rule Base 列的对应。

反向：保持问诊单的第 1 列与 Rule Base 列的对应、病名清单与 Rule Base 行的对应。

4. 注意事项

1）"问诊单"：在对应症状前的方格内画钩。"不清楚"或空白项目不考虑。

2）"Rule Base"：表示产生式规则。每个规则对应 1 行，依据推理方向读取。

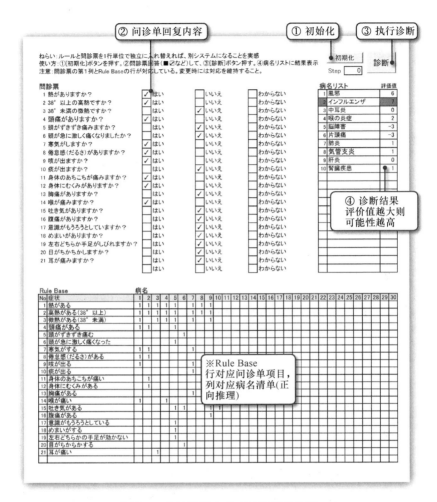

图 9-1　病情诊断专家系统的操作步骤

正向：IF（症状）THEN（病名 1 or 病名 2 or ……）

先后：IF（症状）THEN（症状 1 and 症状 2 and……）

3）"病名清单"：作为考虑对象的病名明细。"评价值"栏相当于记忆推理状况的工作区。

199

9.1 知识表示 (Knowledge Representation)

具有代表性的知识表示如下所示。

1) 产生式系统：捕捉知识与事物的因果关系，并以 IF-THEN 规则形式表现。

2) 语义网络 (A. M. Collins & M. R. Quillian, 1969)：捕捉知识与事物的因果关系，通过附带属性的网络表现。

3) 框架模型 (Marvin Minsky, 1975)：将知识捕捉为附带属性的事物，并以框架形式表现事物。

此外，还有谓词表示[⊖]、进程表示[⊖]等其他表示方法。本节，对上述 3 种知识表示进行说明。

9.1.1 产生式系统 (Production System)

知识被认为是事物或现象 a、b 的因果关系，如 "a 则 b"。a 部分相当于条件或原因，b 部分相当于结果或行动。具体关系如下。

$$\text{IF } a \text{ THEN } b \quad \text{或} \quad a \rightarrow b \tag{9-1}$$

这种表示就是产生式规则 (Production Rule)，a 为条件部分，b 为归结部分。产生式规则与程序语言的条件语句不同，是各自独立的，且为声明式。通过许多产生式规则的集，构成知识库。此外，除了知识，还有从实际环境中获得的观测数据，即事实 (Fact)。利用知识时，寻求产生式规则（带有与事实一致的条件部分），并执行其归结部分即可。

⊖ 谓词表示 (Predicative)：以 a 为对象的部分（主要部分），以 p 表示动作的部分（说明部分），以 $p(a)$ 的形式表示知识。

⊖ 进程表示 (Procedural)：通过一系列处理流程表示知识。或者，称之为小程序的集。

产生式规则容易增加、更新，归结部分还能记述复杂的处理，所以是一种灵活度高的表示方法。但是，整体来看，需要避免矛盾。并且，存在一些缺点，例如难以分辨适用哪种产生式规则，分析所有条件部分会非常慢等。所以，还要实施弥补缺点的设计⊖。

知识表示利用产生式规则，具备这种利用结构的系统就是产生式系统。通常，产生式系统由以下 3 个部分构成。

1）规则库：存储产生式规则的知识库。

2）推理机构：观察产生式规则的条件部分，执行相当于事实的归结部分，并更新事实进行推理。

3）工作区：存放推理中间结果及事实的区域。

向产生式系统提出问题之后，推理机构重复①对照条件和事实②冲突解决③行动 & 事实更新等推理过程，将最终结论保留于作业区中。所谓冲突解决，是指出现多个步骤①条件与事实一致的产生式规则时，选择一个应执行的行动，思路如下。

1）First Match：选择最先发现的行动。

2）规则优先：对各规则设定优先顺序，并选择优先顺序高的规则。

3）最新事实优先：选择工作区域内与最近访问一致的事实。

4）详述优先：选择带有最复杂调节的事实。

推理方向如下所示。

1）正向推理（Forward Reasoning）：从特定事实出发得出结论。又称"数据驱动式"。

2）反向推理（Backward Reasoning）：从假设出发，达到特定事实时以假设作为结论。又称"目标驱动式"。

⊖ 作为高速化的措施，包括：保存与无变化事实的匹配，省去重新匹配的状态保存法；不用将匹配顺序编译之后逐次运转推理机构的 Rete 运算法则等。并且，为了保证知识更新时的无矛盾性，还要设计真值维持（Truth Maintenance）。

3）双向推理：通过正向推理聚焦假设，通过反向推理验证假设，利用两种推理的特点。

9.1.2 产生式系统的具体事例

通过模拟体验，详细说明依据症状推理病名的产生式系统（见图 9-2）。

Rule Base(知识)

P1　IF(身体乏力) THEN(感冒) or (流感) or (低血压) or (脏器障碍) or (甲状腺障碍)
P2　IF(高烧) THEN (感冒) or (流感)
P3　IF(低烧) THEN (感冒) or (肺结核)
P4　IF(头痛) THEN (感冒) or (流感) or (焦虑) or (宿醉) or (脑障碍)
P5　IF(咳嗽) THEN (感冒) or (流感) or (过敏)
P6　IF(没有食欲) THEN (胃溃疡) or (感冒) or (流感) or (中暑)
P7　IF(反胃) THEN (食物中毒) or (脑障碍) or (感冒)
P8　IF(胃痛) THEN (胃溃疡) or (焦虑)
P9　IF(关节痛) THEN (关节炎) or (流感)

Fact(患者状态)　　　　工作区域初始状态

· 身体乏力
· 头痛　　　　　感冒=0 流感=0 低血压=0 脏器障碍=0 甲状腺障碍=0 肺结核=0 焦虑=0
· 没有食欲　　　宿醉=0 脑障碍=0 过敏=0 胃溃疡=0 中暑=0 食物中毒=0 关节炎=0
· 未发烧
· 未咳嗽　　　　推理过程(对应位置的数值为正的整数。依据规则适用顺序，可能结果有所差异)
· 反胃
· 胃痛　　　　　P1 Yes → 感1 流1 低1 脏1 甲1 肺0 焦0 宿0 脑0 过0 胃0 中0 食0 关0
· 未关节痛　　　P2 No → 感0 流0 低1 脏1 甲1 肺0 焦0 宿0 脑0 过0 胃0 中0 食0 关0
　　　　　　　　P3 No → 感0 流0 低1 脏1 甲1 肺0 焦0 宿0 脑0 过0 胃0 中0 食0 关0
工作区域的对应位置　P4 Yes → 感1 流1 低1 脏1 甲1 肺0 焦1 宿1 脑1 过0 胃0 中0 食0 关0
· 条件Yes则+1　　　 P5 No → 感0 流0 低1 脏1 甲1 肺0 焦1 宿1 脑1 过0 胃0 中0 食0 关0
· 条件No则-1　　　 P6 Yes → 感1 流1 低1 脏1 甲1 肺0 焦1 宿1 脑1 过0 胃1 中1 食0 关0
· 条件或行动不对应则不变 P7 Yes → 感2 流1 低1 脏1 甲1 肺0 焦1 宿1 脑2 过0 胃1 中1 食1 关0
　　　　　　　　P8 No → 感2 流1 低1 脏1 甲1 肺0 焦0 宿1 脑2 过0 胃0 中1 食1 关0
　　　　　　　　P9 No → 感2 流0 低1 脏1 甲1 肺0 焦0 宿1 脑2 过0 胃0 中1 食1 关0

结论　感冒或脑障碍的可能性大。

图 9-2　病情诊断产生式系统

产生式规则的条件部分记述症状，归结部分记述有可能的病名。对应一个症状的病名有很多，归结部分使用"or"间隔记述。即，产生式规则通常为以下形式。

IF(症状) THEN(病名 1) or(病名 2) or……

例如，IF（发烧）THEN（感冒）or（流感）or（中耳炎）……

目前，患者的症状为"身体乏力、头痛，但未发烧等"，这就是事实。将此事实与产生式规则的条件部分对比，对一致的归结部分的病名投1票。相反，对于带有"明确违反事实的条件"的产生式规则，从对应归结部分出现的病名中减少1票。条件部分无事实对应记述的不作任何处理。对所有产生式规则实施上述操作，得票最多的病名就是结论。

此处，考虑到"IF（症状）THEN（病名）"的产生式规则。此时，应从症状推理出病名，即进行正向推理。此外，如果将图9-2所示的产生式规则设定为"IF（病名）THEN（症状）"的形式，则进行反向推理，对照归结部分和事实（症状）之后推理条件部分（病名）。此时的产生式规则为以下形式，且注意归结部分使用"and"。

IF（感冒）THEN（身体乏力）and（发烧）and（头痛）and……

9.1.3 语义网络（Semantic Network）

考虑将脑的记忆模型直接用于知识表示中，并通过网络表示对象之间的关系。网络并不只是线的连接，还要对线进行定义（基于什么理由相互连接？存在什么类型的关系？）。例如，针对"感冒""咳嗽"等对象，通过"症状"定义的线将两者相互连接。包含这种知识表示及相关结构的网络，就是语义网络。

语义网络是将知识中出现的名词及动词提取作为概念，并通过定义了这些概念之间从属关系的线连接。只不过，虽说能够自然构建，但概念、线等变得极其烦琐，难以整理及更新，且过程缓慢，近年来很少被使用。但是，从注重对象之间的从属关系，以及导入对象的层级化及继承等概念方面考虑，语义网络是重要的表示方法。继承（Inheritance）是在多种对象中提取共通概念作为上级对象，并保持共通性质作为上级对象的属性。下级对象利用上级对象的属性知识，继承上级对象中保持的属性。这种上级与下级的关系就是 *is-a* 关系。

语义网络的知识库和推理机构也是分离的，知识可独立进行声明式更新。但是，更新时需要考虑相关所有对象，并不容易。问题给定之后，推理机构在知识库中搜索与问题模式一致的对象及关系。搜索方法分为以下 2 种。

1）直接匹配：通过知识库的匹配直接获得解的范围内的推理。

2）间接匹配：兼用知识库的匹配及继承的推理规则，获得解的推理。

9.1.4 语义网络的具体事例

思考平面图形相关语义网络（见图 9-3）。

通过 *is-a* 表示层级关系，其他关系通过以对象及值作为属性定义的线进行连接。这是非常烦琐的操作，无法简短说明。此处，仅使用其中一部分。使用过程中，如果直接发现问题的模式，则直接匹配成功。否则，*is-a* 的继承关系达到上级，如存在与问题模式一致的上级对象，则间接匹配成功，否则即失败。

9.1.5 框架模型（Frame Model）

自然表示大脑的记忆模式时，语义网络复杂、不实用。并且，对象及其性质均相同处理，无法通过定义的线连接。如果对象的性质作为属性记述于对象中，可大幅减少线的数量，且对象容易整理。这种含属性的对象，使用框架[○]数据结构来表示。

○ 框架（Frame）是指明斯基（Marvin Minsky）于 1975 年提出的框架理论。框架理论与人脑的认知模型相关，"人类理解事物时，依托经验等存储于大脑的对象相关框架，观察事物与其是否一致或差异，从而加以理解。"

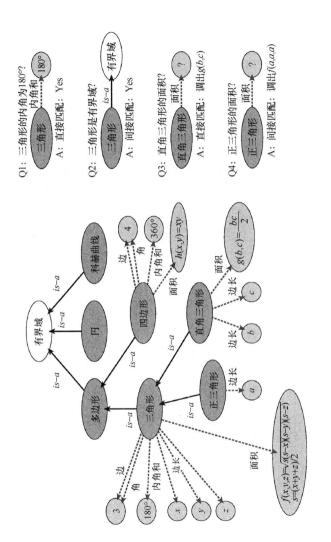

图 9-3 平面图形相关语义网络

205

1）槽（Slot）：存储对象的属性及其值的位置。继承关系是将朝向上级的指针存储于 *is-a* 槽中。

2）服从进程（Servant）：将对象附带的动作也视为一种属性，存储于槽内的进程（前台启动）。

3）守护进程（Daemon）：框架访问时后台启动的进程。它执行值的合理性确认、删除警告等。

依据层级化的观点，框架分为以下 2 种。

1）实例框架：表示具体事例的框架。

2）抽象框架：表示抽象化共通性质的框架。

框架模型的推理机构针对给定的问题，调查框架并执行服从进程、守护进程，以槽的更新形式记录推理结果。最终，值设定于特定的槽内，或者分析所有的槽之后结束。

框架从语义网络中继承对象的层级化及网络的思路，使对象结构化。因为它的空间效率高，方便整理及更新，声明知识、进程知识均能顺利处理。所以，成为知识表示的主流。而且，与目标指向的知识表示也有关联。

9.1.6 框架模型的具体事例

通过框架表示语义网络中思考过的平面图形的知识（见图 9-4）。

对象中附带槽、服从进程等属性，线仅表示对象的层级关系，非常清晰易懂。实际上，*is-a* 槽中包含上级对象的指针，所以不许此线。使用时，执行 *is-a* 继承的同时，搜索相应的槽及服从进程即可。

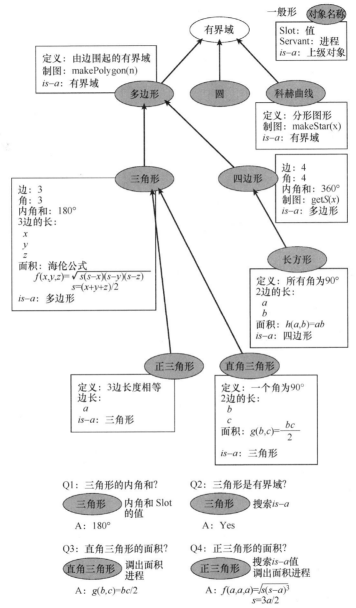

图9-4 平面图形相关框架模型

207

9.2 专家系统（Expert System）

专家系统是一种利用知识表示，通过计算机利用专家知识的系统。弥补专家不足，确保知识传承，代替人类进行危险作业等，可被广泛利用。即使在医疗现场，也能作为医生的助手，用于初期诊断及应急处理。只要不是完全取代人类等过分期待，就能得到有效利用。

较早的专家系统，包括 DENDRAL[⊖]、MACSYMA[⊖]、MYCIN[⊖]。在这些系统取得一定成果的同时，也为之后更多专家系统的发展奠定了基础。特别是 MYCIN，确立了专家系统构建工具的思路。之后只需替换知识库内容，就能构建多种多样的专家系统。

9.2.1 专家系统的结构

专家系统以知识库为基础，结构方面由知识库、推理机构及各种服务辅助机构组成。专家系统的目标与普通的数据库系统不同

⊖ DENDRAL：1965 年，由美国斯坦福大学的费根鲍姆（E. A. Feigenbaum）等人研制的推算分子结构的专家系统。通过专家规则表示原子质量和分子结构的关系，推算分子量相当的分子结构。通过 Lisp 编程。

⊖ MACSYMA：1968 年，由美国麻省理工学院的莫尔（Joel Moses）等人研制。可进行多项式、三角函数、微积分等公式处理，以及绘制附带的图表等。进行公式处理的还有 Mathematica、REDUCU 等，这些都是商用编程语言。MACSYMA 是免费软件，目前仍可作为 Maxima 使用。同样通过 Lisp 编程。

⊖ MYCIN：20 世纪 70 年代，由肖特利弗（E. H. Shortliffe）等人开发的帮助医生对血液感染患者进行诊断的专家系统。观察患者的体征，同时进行推理。推理过程的表示、确定性因子（Certainty Factor，CF）的导入等方便了使用，但未能在医疗机构得到实用化。之后，将知识库的框架、推理机构、对话功能、说明功能等整合在一起的专家系统构建工具 EMYCIN 得以确立。MYCIN 也是用 Lisp 编程，这是由于 Lisp 的数据结构为指针相连的树结构，可灵活处理与排序不同的大小及布置，适合知识表示。目前，可通过 C 或 Java 实现应用。

（见图 9-5）。

专家系统的结构

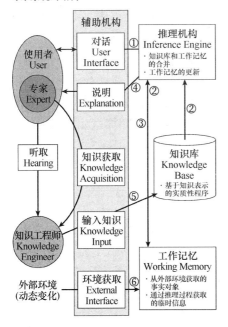

普通系统
(MVC model)

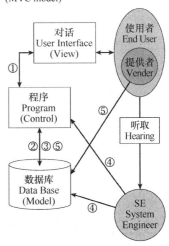

①依据使用者的询问等，推理机构启动。
②在知识库中搜索与工作记忆状态一致的知识。
③依据一致知识的命令，更新工作记忆。
④依据使用者的要求，显示推理过程。
⑤知识库由KE通过输入知识构建。
⑥根据环境变化，工作记忆也会随时更新。
※知识库及工作记忆的内容以外，均为通用框架。
→专家系统构建工具

①使用者通过对话功能，启动程序。
②程序适当参照数据库进行更新。
③程序执行过程中的临时信息保存于程序
或数据库内。
④程序及数据库均由SE构建。
⑤数据库有时由提供者构建。并且，程序
也可随时更新。
※将系统3等分(Model、View、Control)，
可维护性提高。
→互联网系统的通用框架

图 9-5　专家系统的结构

　　数据库通常仅存储数据，操作本身记录于程序中。因此，面对不同问题，需要专门的数据库及程序。数据库的框架包括 SQL 等通用工具，更新及搜索方便。但是，搜索之后的问题解决所需的程序必须另行准备。数据容易限定（容易汇总成表等）、操作原理简单，

即问题构成稳定的情况下，数据库系统还是有用的，且实际情况也是如此（数据库应用不断普及）。

另一方面，专家系统的知识库中不仅有数据，还将操作方法一并保存，且作为驱动部分的推理机构与问题本身并无依存关系。这是由于问题依存部分已经全部吸收进入知识库之中。因此，将问题未依存部分提取作为问题通用的框架，就是专家系统构建工具。利用这种工具，仅需替换知识库的内容，就能适用各种系统。人类的知识并非稳定结构，无法将数据汇总成表，处理算法也很难固定。所以，相比普通的数据库系统，专家系统更具通用性。

9.2.2 专家系统的类型

根据目的，专家系统分为以下几种类型。

1）诊断型：依据观察到的现象，推测出原因。用于医疗诊断、故障诊断等。

2）设计型：在给定的制约条件下，提示出全局最优解。用于芯片内布线、建筑设计等。

3）控制型：依据传感器等提供的观测数据，实施最佳控制。用于化学打印、熔矿炉、地铁等。

4）咨询型：提示出符合要求的全局最优解。用于法律咨询等。

5）教育型：根据学习者的理解，实施最佳指导。用于智能计算机辅助教学（CAI）等。

无论哪一种类型，构建知识库时均需要听取专家的知识，并替换为准确的表达方式，这才是最困难的。这部分工作，通常称之为知识获取。

9.2.3 专家系统构建工具

专家系统构建工具的目的在于，提供知识库内容以外的框架，提高专家系统的构建效率。推理机构、辅助机构依存于知识表示，所以出现了各种商业工具，例如应用于生产系统的规则型、应用于框架模型的框架型、两者复合型等。

辅助机构还有辅助知识获取的功能，方便知识的输入。但是，通常使用专家系统时，用户界面为固定问题，并不需要另外制作程序。

20 世纪 80 年代，AI 呈现的热潮近乎泡沫化，从 EMYCIN 开始的专家系统构建工具也受到各企业的热捧，争先恐后地实现商业化[⊖]。即便如此，从包含人类常识的判断基准来看，表面的知识表示并没有作用，20 世纪 90 年代之后专家系统也开始逐渐衰退。但是，如果使用范围正确，依然是非常有效的思路，能够在法律关系、打印设备的时序安排（调度）、医疗领域的心电图分析等方面得到实用化发展。

⊖ 20 世纪 80 年代，全球出现了许多 AI 工具产品，较为著名的如下所示：
　·OPS5（美国卡耐基梅隆大学）：导入了专家系统、高速化的 Rete match。
　·KEE（斯坦福大学）：框架系统中植入规则型推理的复合型专家系统。
　·ART（Inference Corporation）：导入了高速正向推理、真值维护系统 TMS。
　日本方面，也有 ES/KERNEL（日立）、EXCORE（NEC）、ESHELL/X（富士通）等，名称各不相同，但产品的功能大同小异。
　Rete match：在避免条件部分的重叠部分被再次评价的状态下，将 IF-THEN 形式的规则按进程翻译的高速方法。
　TMS（真值维护系统）：验证知识库的真值性，通过知识的增加、更改及删除，避免产生矛盾。

第 10 章

将人类自主性交给机器管理＝智能体

　　智能体（Agent）是一种通过掌握外部环境，自主进行问题解决以达成给定的目标，辅助或代替人类工作的系统。

　　智能体与普通的数据库系统有何差异？普通系统的烦琐处理由服务器进行，使用者通过规定的用户界面，对服务器提出要求即可。这是非常方便的，但服务器没有符合要求的解答时，通常会发出警报。所以，使用者必须修改要求，或者更换其他服务器。

　　如果是智能体，即使没有解决也会自动将要求转送至其他智能体，最终必然向使用者提交某种解答。看似没有太大变化，但使用者受服务器局限的影响，使用方法及系统等均存在本质不同。

　　自 20 世纪 80 年代以来，依托互联网的分布式运算环境得以发展，多智能体的研究达到鼎盛时期。随着近年来互联网的发展，智能体已成为分散式人工智能的重要研究领域。

模拟示例：追捕问题（追捕犯人）

1. 下载文件

　　访问示例下载网址（https://www.shoeisha.co.jp/book/download/9784798159201），下载 Excel 操作示例程序文件：Ex12_追捕问题.xlsm

　　追捕问题（经典的智能体问题）展开的模拟。多名警官追捕犯人的问题，警官与犯人来到同一格子则追捕成功，犯人跑出场地（外框）则逃亡成功。

此处，目的在于观察警官移动的组织结构导致的差异。但是，模拟并不是真实的智能体，或许难以弄清差异。即便如此，也能了解到如何根据组织结构进行移动。

2. Excel 工作表的说明

【追捕问题】工作表：追捕问题模拟。

3. 操作步骤（见图 10-1）

① 打开【追捕问题】工作表。通过按钮（每次必须按）选择犯人和警官的移动方式，并输入警官的数量（最少 4 人）。

② 按下【初始化】按钮，自动设定犯人和警官的位置。可以手工输入更改位置（输入后必须按下"重新设定"按钮）。犯人用红色表示，警官用蓝色表示。

③ 按下【追捕】按钮，开始追捕。"Step"为 0 则连续执行，为 n 则运转 n 步之后停止。

④ 执行追捕过程中，状况在场地框内显示。

⑤ 追捕结束（追捕、逃亡或移动"Max"次数），则显示每次移动的评价值的变动图表。

4. 注意事项

1）"犯人的移动方式"：选择无计划/有计划。

2）"警官的移动方式"：可选择随机/CAs/NAs/CLAs。

随机移动：移动尽可能接近犯人，即缩短与犯人的距离（横竖的格子数量合计）。

CAs：各自以犯人为中心的 4 个区域（格子）内接近犯人。没有人的 4 个区域，自己可移动。

NAs：同上，但是没有人的 4 个区域内，只有最近的警官可移动。

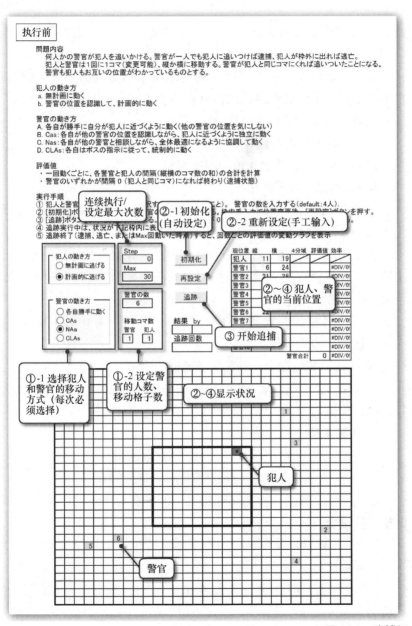

图 10-1　追捕问

执行后

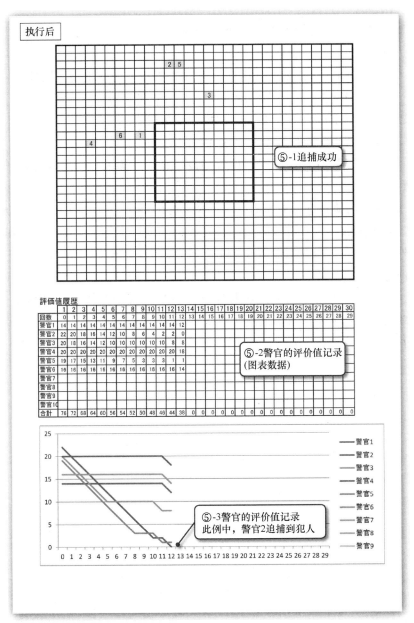

⑤-1 追捕成功

评价值履历

	1	2	3	4	5	6	7	8	9	10	11	12	13	14	15	16	17	18	19	20	21	22	23	24	25	26	27	28	29	30
回数	0	1	2	3	4	5	6	7	8	9	10	11	12	13	14	15	16	17	18	19	20	21	22	23	24	25	26	27	28	29
警官1	14	14	14	14	14	14	14	14	14	14	12																			
警官2	22	20	18	16	14	12	10	8	6	4	2	2	0																	
警官3	20	20	18	16	14	12	10	10	10	8	8																			
警官4	20	20	20	20	20	20	20	20	20	20	18																			
警官5	19	17	15	13	11	9	7	5	3	3	1	1																		
警官6	16	16	16	16	16	16	16	16	16	16	14																			
警官7																														
警官8																														
警官9																														
警官10																														
合計	76	72	68	64	60	56	54	52	50	48	46	44	38	0	0	0	0	0	0	0	0	0	0	0	0	0	0	0	0	0

⑤-2 警官的评价值记录
（图表数据）

⑤-3 警官的评价值记录
此例中，警官2追捕到犯人

題的操作步骤

CLAs：警官始终布置于犯人前后左右，移动之后同样维持此状态。

3）"Step"：0 则连续执行，$n(>0)$ 则按 n 次一组步进执行。

4）"Max"：追捕次数的最大值。如果在此值以内未实现追捕/逃亡，则模拟失败。但是，可选择继续执行。

5）"警官的数量"：可设定 4~10 人。

6）"移动格子数量"：可分别设定警官、犯人每次移动的格子数量。

7）场地：进行追捕的区域。左上方的格子为（1，1），依据横竖的格子数量表示位置。追捕在场地的外框内进行。如果犯人跑出外框，则逃亡成功。初始设定时，犯人放在中框内，警官放在中框外。

8）"评价值记录"：依据各位警官与犯人的距离计算评价值，并通过表格表示评价值的变化状态。

10.1　智能体的经典问题

本节中，对智能体相关的 3 个经典问题进行介绍。

1）砖块世界[○]：深思熟虑或顺应时势？

2）追捕问题[○]：智能体之间的协作及组织结构会导致什么样的差异？

3）囚徒困境[○]：智能体处于非协调状态时的综合获利如何？

10.1.1　砖块世界（Tileworld）

此处涉及的课题就是智能体如何理解要求内容并返回解答方案。砖块世界是一个智能体为了在给定环境下获得尽可能多的分数，考虑"深思熟虑还是顺应时势更有效"的问题。这个问题的环境由洞穴、砖块、障碍构成，智能体沿着格子移动，将砖块搬运至洞穴的位置。洞穴被砖块填补之后，就算得分。过程中，环境也有可能变化（见图 10-2）。

智能体的类型可按以下思路区分。

1）深思熟虑型：每次分析所有砖块位置、洞穴价值、障碍，以最佳条件移动砖块。但是，也有无法适应环境变化的情况。即，考虑的过程中环境也会产生变化。

2）顺应时势型：立即进行最符合状况的行动。也就是说，将

○　砖块世界（Tileworld）：20 世纪 90 年代，由波拉克（Martha Pollack，SRI）和兰吉特（Marc Ringuette，CMU）提出，并安装于 Common Lisp。

○　追捕问题（Pursuit Problem）：评价追捕所需时间，简单易懂，常用于智能体的评价。

○　囚徒困境（Prisoner's Dilemma）：这也是一种极端的模型，但经常被引用。在企业的员工培训中，经常用于指导人际关系的维护等。

最近的砖块移动至最近的洞穴。但是，剩余的砖块无法移动至最后的洞穴，无法保证目标达成。

3）复合型：为了弥补上述两种的缺点，兼用上述两种类型，开始深思熟虑，最后顺应时势。智能体为多个时，分为上级深思熟虑型、下级顺应时势型。计划由上级合理制定，实施由下级即时进行。

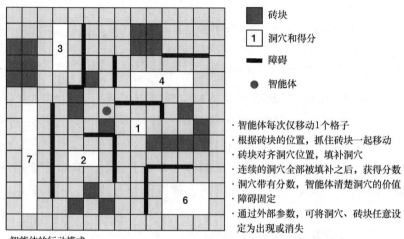

图例：
- 砖块
- 1 洞穴和得分
- 障碍
- ● 智能体

· 智能体每次仅移动1个格子
· 根据砖块的位置，抓住砖块一起移动
· 砖块对齐洞穴位置，填补洞穴
· 连续的洞穴全部被填补之后，获得分数
· 洞穴带有分数，智能体清楚洞穴的价值
· 障碍固定
· 通过外部参数，可将洞穴、砖块任意设定为出现或消失

智能体的行动模式
· 深思熟虑：首先评估洞穴价值及砖块位置，按计划行动。中途，可能出现状态变化。
· 顺应时势：根据线索，用附近的砖块填补附近的洞穴。但是，最后会变得困难。

图 10-2　砖块世界

哪一种类型合适，与环境紧密相关。但是，通常顺应时势型能够在一定时间内获得较高分数。但是，如果需要填补所有洞穴，深思熟虑型更合适。

10.1.2　追捕问题

智能体为多个时，称为多智能体。此处涉及的课题就是智能体之间如何协同？或者，根据组织结构会产生怎样的差异？追捕问题是多位追捕者追捕 1 个逃亡者的模式，根据追捕者之间的协同方式或追捕者的移动方式，可观察是否能够追捕到逃亡者以及追捕所需时间的差异等（见图 10-3）。

组织结构的思路如下所示。

1）CAs(Communicating Agents)：对等的平板结构条件下，各智能体进行信息交换，但仅依据自己的价值移动。

2）NAs(Negotiating Agents)：对等的平板结构条件下，各智能体进行信息交换，考虑整体最佳状态进行移动。

3）CLAs(Controlling Agents)：层级结构条件下，上级智能体掌握下级的状态，统筹移动。

哪一种组织结构最好？如果仅从追捕逃亡者的角度考虑，CLAs最佳。但是，如果考虑信息交换产生的通信成本、环境变化的适应性等其他评价条件，可能 NAs 更为合适。CLAs 如果过度增强统筹，与其说是多智能体，实际更接近一个智能体⊖。

10.1.3 囚徒困境

基本上，智能体始终保持信息交换，并协同移动。但是，根据具体情况，在不了解其他动态的情况下，有可能仅凭利己的判断进行移动。仅考虑自己得失或考虑综合得失，结果完全不同。综合得失和自己得失不一致时就会造成问题。

囚徒困境就是着眼于这类课题的模拟，两个囚徒被单独询问，背叛或包庇都有可能，但彼此毫不知情。得分方面，如果两个囚徒相互包庇，则综合得分最高。两个囚徒相互背叛，则得分最低。此外，如果两个囚徒的行动不一致，则背叛一方得

⊖ 组织结构同样适用于企业。欧美企业多为 NAs，亚洲企业多为 CLAs。

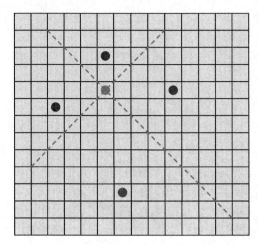

● 逃亡者
● 追捕者

·逃亡者自由移动。
·追捕者移动接近逃亡者。
·追捕者封堵住逃亡者即结束。

【移动方式】
a) 相互交换位置信息，自主、独立
  的移动(CAs)。
b) 相互共享信息，自主移动达到整
  体最佳状态(NAs)。
c) 依据整体最佳状态，统筹移动。
  无自主性(CLAs)。

组织的模式
·CAs(Communicating Agents)：智能体之间的通信、数据收发、数据要求。
·NAs(Negotiating Agents)：谈判组织。数据要求以外的自由谈判、移动等。
·CLAs(Controlling Agents)：层级组织。一方(master)可控制另一方(slave)。

考察)对于动态变化，NAs比CLAs的适应性更高，且通信费用少。但是，CLAs的一致性更
  佳。启发式效率*方面，NAs更佳。
  *追捕者至逃亡者的距离合计 $T=\Sigma N_i(i=1\sim4)$，启发式效率 $E=N_i/T(i=1\sim4，0<E\leqslant1)$

图 10-3　追捕问题

分设定较高。

在这种条件下，与囚徒的行动无关，总想要自己能够得到更多分数。但是，从长远考虑，最开始期待双方能够相互包庇，以此获得最佳结果（见图 10-4）。

这个问题暗示智能体之间无法交流时的自主行动的方向性，也是人类社会中契约行为的缩影。⊖

⊖ 相互包庇使双方均能获得较好的结果，即 Win-Win。相互背叛使双方均获得负面结果，即 Lose-Lose。一方获益，另一方受损，这种方式无法长久维持。朋友之间经过磨合就能达到 Win-Win，相互陷害就会 Lose-Lose。

对方 自己	包庇	背叛
包庇	$R=3$	$S=1$
背叛	$T=4$	$P=2$

R：双方包庇
P：双方背叛
S：自己包庇，但对方背叛
T：自己背叛，但对方包庇

条件：$T>R>P>S$、$R>\dfrac{T+S}{2}>P$

规则
- 两个囚徒单独接受询问。
- 囚徒的态度属于以下哪一种?
  包庇：坚持自己及对方都是清白的。
  背叛：认为自己是清白的，对方有罪。
- 彼此不知道对方说什么。
- 双方包庇则得分最高，但特意设定一方背叛更为有利的得分规则。
- 重复多次，得分超过一定时间内的阈值，则无罪释放。

期待的经过
- 双输组织(Lose-Lose)：一方背叛有利，彼此之间持续背叛。
- 双赢组织(Win-Win)：最初出现背叛并产生负面影响，但不久之后便能相互包庇。

图 10-4　囚徒困境

10.2 智能体的思路

10.2.1 智能体的条件

作为经典问题考虑的课题如下所示。

1）根据状况，准确理解要求内容。也需要顺应时势。

2）需要与其他智能体协同时，根据状况进行配合。

3）个体利益和整体利益未必一致时，优先考虑整体利益。

普通的服务器不用对这类课题感到困扰，正确给定要求内容，在相应范围内实施处理即可。如果要求含糊不清，仅发出警报。但是，智能体为了克服上述课题，应具备以下条件。

1）自主性（Autonomy）：依据要求的主旨，进行相应的处理。或者，评价可从环境中获得的利益，行动考虑尽可能获得最大利益。

2）社会性（Social Ability）：与人类或其他智能体相互作用，或者协同行动。

3）反应性（Reactivity）：对环境的识别及变化进行响应，通过学习使行动更高效。

智能体中使用各种人工智能技术。知识库、社会常识、模糊性的补充、问题解决、搜索、环境学习、响应所需用户界面等，各种环境识别所需大数据分析及互联网通信技术也被应用。

10.2.2 智能体的事例

日常生活中，已经有许多智能体得到实用化。以下系统就是智能体。

1）智能手机的私人助理：学习手机所有者的日常行为模式，提示最佳行为选择。

2）网络购物：通过使用者的购物记录学习兴趣倾向，提示推荐商品。

3）扫地机器人：学习房间容易弄脏的地方，或者学习垃圾的种类，实现高效清洁。

此外，互联网上的电子商务、订制销售、拍卖、生产管理、库存管理、物流管理、健康管理、教育支持、辅助设计、各种类型的自主机器人等，智能体以各种形式不断实用化。

将作业步骤定式化，规定一系列体系流程的工作流（Work Flow）不仅能够提高作业效率，还能提升可靠性（依托作业步骤的合理化）。从生产线到经营管理等所有方面，工作流成为企业活动不可或缺的一部分。如今，连智能手机都能搭载工作流应用程序，有助于个人的便捷使用。

为了方便构建工作流而开发的软件就是工作流引擎（Work Flow Engine），这也是一种智能体。例如，构建一种工作流，能够将跨越各种场所、部门、资源的工作轻松通过一台计算机进行处理。这是通过智能体功能，搜索必要的场所及资源，并启动必要的处理，再将相关结果传递给下一级资源，整个过程自主进行。图 10-5 所示为工作流引擎的示意图⊖。

⊖　这个是笔者在公司就职时代参与实现商品化的系统，称之为协同空间。遗传算法的应用（第 4 章）中所述布置表示的事例，就是将工作流可视化。

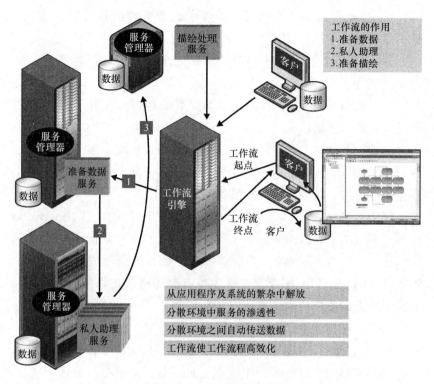

图 10-5　工作流引擎示意图

10.3　多智能体

多个智能体协同工作时就称作多智能体系统（Multi-Agent System：MAS），智能体之间的协同方式成为重要课题。

10.3.1　多智能体的特点

智能体之间的协同，包括相互通信、信息共享，这早在 20 世纪 50 年代末的"鬼域[⊖]"就开始了，之后各种信息共享方案被提出。

20 世纪 70 年代后期出现的信息共享相关黑板模型[⊖]，是由多个智能体分别承担一部分知识，通过共享空间"黑板"相互作用实现信息共享的系统。并不是单纯的共享空间，智能体独立读取，且能够并行实施，实时响应性优越。

20 世纪 80 年代后期，一种称之为"包容结构[⊖]"的智能体之间的控制结构被设计出来。通过单功能部件的层级控制结构实现智能可视化处理，并被应用于移动机器人。

20 世纪 90 年代，智能体之间进行信息交互所需会话协议^㉞已被

⊖ 鬼域（Pandemonium）：塞尔福里奇（Oliver Selfridge，1959）设计的大脑模式识别的模型。管控各识别阶段的守护进程（daemon）的建模状态，即一种智能体系统。

感觉信息→图像守护进程→特征提取守护进程→识别守护进程→决定守护进程→行动（下划线部分为脑内模型）

⊖ 黑板模型（Black Model）：语音理解系统"Hearsay Ⅱ"中导入的信息共享结构。

⊖ 包容结构（Subsumption Architecture）：布鲁克斯（Rodney Brooks，1996）将此思路应用于移动机器人。Sony 的 AIBO 的可动部分也是单功能集，通过上层级控制单一功能，实现整体的准确反应。

㉞ 会话协议（Conversation Protocol）：20 世纪 90 年代初期，以美国 DARPA 开发的 KQML（Knowledge Query and Manipulation Language）为主，已设计出几种协议。可以视为互联网通信协议的智能体版本。

开发。智能体之间通过字符串交流的效率较低，所以通过请求（ask）或询问（tell）等命令进行交流。目前，为了深度共享语言本身的含义，已经朝着本体论⊖方向展开研究。

近年来，随着通信技术的发展，智能体之间的物理通信（通信速度、实时响应性）已经没有阻碍。但是，通信内容的深度协同依然是重要的研究课题。

10.3.2 多智能体的交涉战略

多智能体中，各智能体的协同方法分为以下 2 种。

1）合作型（Cooperative MAS）：通常以层级结构的任务构成，进行组织合作。又称作任务共享。

2）竞争型（Competitive MAS）：任务独立，且分别设定目标。需要通过交涉战略，解除竞争。又称作结果共享。

依据智能体的组织结构，CAs 和 NAs 为竞争型，CLAs 为合作型。合作型的整体方向性一致，容易制定行动战略。但是，竞争性的方向性可能各有不同，需要相应调整（即交涉战略）。只要各目标为相同方向，即使 CLAs 以外，也不需要交涉战略，可以称之为合作型⊖。

交涉战略是指智能体之间的目标为相同方向。如果将智能体的目标范围视为集，各智能体的目标范围的重叠部分就是存在交涉余地的部分。这种集，即为交涉集。所以，交涉战略也是指扩大智能体之间的交涉集。

依据交涉接合的状态，交涉战略分为以下模式（见图 10-6）。

⊖ 本体论（Ontology）：避免智能体之间信息解释出现差异的通用概念体系。通常，作为进行信息定义的概念体系，在知识表示、网页数据记录等各种条件下均需要这种概念体系。20 世纪 90 年代中期，开始对本体论进行正式研究。

⊖ 合作型必然达到 Win-Win 状态，竞争型未必如此，有可能以 Win-Lose 状态结束。

1）竞争：交涉集为空。各智能体需要修正目标，但未完成即结束。

2）妥协：有交涉集，但为消极。同上。如果事态未改善，则适当向前推进。

3）合作：有交涉集，且为积极。推进使各智能体的目标最大化。

竞争：交涉集为空
　　　需要相互扩大目标集，靠近

妥协：有交涉集，但为消极
　　　需要努力相互改变目标集的加权

合作：有交涉集，且为积极
　　　通过相互利用对方的目标集，实现协同效应

图 10-6 交集和交涉战略

特别是在交涉集为空时，即处于竞争状态时的交涉战略极为重要，需要相互靠近（解除竞争）。解除竞争时，分为以下典型模式[⊖]。

1）信长型：仅考虑自己的目标，排除对方。

2）秀吉型：改变对方的目标，使之融入自己的目标中。这种典型模式还可细分为以下模式。

①说服：引导提升对方的价值，并获得对方接受。

②胁迫：对方必须让步的恶劣手段，对方屈服接受。

3）家康型：随着时间延长，期待彼此的目标产生变化，并努力使自己的目标扩大。

信长型能够顺应时势，但成为 Win-Lose 的可能性大。秀吉型中对方屈服接受，应为 Win-Lose，但 Win-Win 的可能性也很大。家康

⊖　与第 1 章提及的气质分类相同，以日本战国三武将的典型行动模式进行对比。这种思路可直接套用于人类社会，成为纠正自己行动模式的指标。

型需要时间，但必然达到 Win-Win。也就是说，家康型需要持续调整才能达到 Win-Win。

10.3.3 多智能体所需应用技术

单个智能体是依据常识，自律运行的知识处理系统。与此相对，多智能体就是一个个自律系统，也是整体统一化的自律系统。所以，需要智能体之间进行交流及前提知识共享等。

人类通过语言、动作、社会常识、动物本能等，能够实现统一行动。那么，不妨试着思考在计算机上实现这种统一行动所需的应用技术。智能体的研究初期提出各种技术，黑板模型和包容架构就是其中之一。

第 9 章所述知识表示只能在现有知识范围内进行推理，所以智能体应额外具备以下技术条件。

1）现有知识范围内无法解决时进行处理。

2）新知识摄取（学习）。

3）常识性知识的共享。

4）多个知识库之间的协同。

其前提就是正确理解输入要求及语言含义的能力。"计算机是否真正理解语言含义？"基于这种疑问，需要准确理解相应状况的语言含义。但是，其中包括社会常识、习惯、人类本能等计算机不擅长的内容。

深度学习中即使忽略这类条件（含义理解），在分类方面仍然非常有帮助。但是，终极课题仍然是理解语言含义。

1. 本体论（Ontology）

一种描述词的抽象概念的知识库，不同于单纯的字典，已被考虑用于语义理解。这是语言机器翻译和自然语言处理的一项重要技术，但对智能体来说也是必要的。这个想法是通过决定如何将计算机上的知识表示系统化来分享知识，就像人类可以在自己封闭的大脑中存储知识的同时进行协同工作一样。

包括各领域共享特殊语言、概念的领域本体（Domain Ontology），以及共享一般知识、方法论及常识的上级本体。医疗领域中已经以疾病及器官为单位制作许多本体，且人体相关共享知识为上级本体。但是，上级本体如果包含一般常识，则没有极限⊖。

本体可以是理论表达或接近自然语言的表达，但目前大多依据面向对象⊖的思路构建而成。现在的网络中包含无限信息，能够由此实现自动构建本体。而且，以维基百科为基础的本体正在研究中，今后还可能融入深度学习的更高级本体。

作为本体表达语言⊖，大多使用括号注明概念及其含义表达，或者使用 XML⊕的选项卡进行概念表达。但是，今后表达形式本身会有变化。

2. 会话协议（Conversation Protocol）

会话协议是智能体之间交流所需的通信步骤的关键。网络中包含 TCP/IP 等通信协议，智能体之间通信也需要类似协议，包括智

⊖ Ctc 计划是为了构建一般常识的知识库，于 1984 年开始；2001 公开其开源版本。

⊖ 面向对象（Object Oriented）：共通概念概括事物的同时进行层级化，内涵进程（筛选）作为属性，是系统整理许多事物的思路。概括共通概念称之为抽象化（Abstraction），通过抽象化形成的新的概念就是类型（Class），属于该类型的现实事物就是实例（Instance）。例如，对于"猫"这个类型，猫和狗的共通概念包括"动物"等抽象化类型，其中猫"三毛"及邻居的猫"虎"就是猫的实例。抽象化是指 is-a 概念，记述为"猫 is-a 动物"。并且，还包括事物关系中表示组成条件的 part-of 概念、表示其他随附性质的属性。面向对象的思路作为计算机语言，与进程型、声明式同等重要，用于许多语言标准中。

⊖ 具有代表性的包括 Ontolingua（斯坦福大学）、KIF（Knowledge Interchange Format）、OWL（Web Ontology Language）等。

⊕ XML（Extensible Markup Language）：以"<Tag 值>内容表达</Tag>"等基本形式进行概念表达。Web 中使用的 HTML 虽然标签固定，但形式类似。

能体通信协议、合同网络协议、拍卖协议等。

智能体通信协议^㊀由智能体之间相互识别、访问、响应、信息交换等通信控制所需的通信基础协议组成。

为了竞争型智能体的交涉，合同网络协议^㊁规定了管理方和合同方之间一对一的交涉通信。包括管理方的开标、合同方的投标、管理方的中标等基本步骤。具体来说，是由交涉对象（提示资源的类型、数量及金额等，同意或拒绝，根据情况设定让步范围等）所需协议条件组成。

拍卖协议^㊂进行卖方和买方的一对多信息交换。不仅限于最高价和最低价的匹配，还需要采取措施防止欺骗。当卖方出售多种材料时，还要考虑多个买方能够不重复投标每种材料的条件这属于一个组合最优化问题。并且，采购时形成卖方和买方调换的多对一拍卖。

3. 中介智能体（Mediator Agent）

作为多智能体之间交流中转的隐藏智能体，也称之为中间智能体（Middle Agent）^㊃。中介智能体需要掌握多个智能体的任务需求及供给，转发要求方提出的任务。同时，为了实现智能体之间本体的统一性，还进行必要转换。

其次，可以预计性能方面也会大幅提升。因为各智能体相互依据会话协议进行交流时，产生均方（n^2）等级的通信。但是，如果有中介智能体，只需线性（$2n$）等级的通信。

㊀ Agent Communication Protocol：表达为 KQML（Knowledge Query and Manipulation Language）等。
㊁ R. G. Smith/Contract Net Protocol（1980）。
㊂ Auction Protocol：Vickrey 拍卖、广义 VCG 拍卖等。
㊃ 中间智能体等除了一般功能，还有对应作用的以下名称。
　·Macth Maker：智能体之间确立通信后，各智能体直接进行通信。
　·Broker：智能体之间确立通信后，中继所有通信。
　·Facilitator：汇总智能体信息，获得方便。

第 11 章

人工智能的开创性计算机语言 =Lisp

    人工智能的编程，以前使用 Lisp（List Processor）语言。基本的思路非常人性化，且人类的记忆并非排序化[○]，应通过符号[○]或图形进行模式化。为了表现出这种特性，Fortran 等数值运算用途的计算机语言并不适合。Lisp 可利用表结构[○]等非排序数据，最适合上述特性。

    此外，确立函数模型"运算模型"^四时，Lisp 也起到重要作用。Lisp 目前很少被直接使用，但其对其他语言（Java、C 语言等）、操作系统等基本软件也产生影响。所以，作为理论背景知识，本章对以下重点方面进行解说：①表处理；②λ 运算；③作用域和生存期；④无用单元收集。

○ 排序化：相同型式的数据连续排列，可通过索引参照各条件的结构。
○ 符号：姓名、字符串、抽象概念等数值以外的数据。
○ 表结构：数据非连续性，由指针相连布置于任意位置的结构。
四 运算模型：软件的执行顺序（规则）。

11.1 表处理（List Processing）

表结构或单纯的列表，就是由指针[一]连接而成的二叉树结构[二]。位于各节点的记忆单位就是单元（Cell[三]）。由于是二叉树结构，各单元含有两个方向的指针，分别是 CAR 部分及 CDR 部分[四]。

涉及表结构的数据处理就是表处理，与数值运算处理相同，很久之前就已开始研究。20 世纪 60 年代初期，麦卡锡（John McCarthy，MIT）发表了 Lisp1.5[五]，成为首个依据 λ 运算的表处理语言的研究成果。与数值运算处理不同，表处理对符号、数据结构本身进行操作，最适合应用于知识表示等人工智能领域。

11.1.1 表处理的具体事例

以一本英法辞典为例。

AMI→FRIEND/LOVER   JE→I   JEU→PLAY
（法）   （英）   （法）（英）   （法）（英）

图 11-1 中，上述 3 个法语单词对应的英语单词，用以 S 为起点的表结构表示。单词数量及翻译单词数量不确定，需要灵活变更。并且，整体需要始终按照字母顺序排列，所以数组结构不适合。

这种表结构可以用来检索与法语单词相对应的英语单词，或增

[一] 指针（Pointer）：并非数据的值，是指数据的记忆场所。
[二] 也有多方向叉树、逆向指针等，此处仅为 2 个方向。二叉树结构更具实用性。
[三] Cell：细胞的意思。本文是指数据的最小访问单位。
[四] 最早安装的 DEC-10 计算机的访问单位为 Address 部分（Content of Address Register）和 Decrement 部分（Content of Decrement Register）的一对值，取首字母命名为 CAR、CDR。内容有时为数据，并非指针。
[五] 不清楚初版为 1.5 的真实意义，但似乎是 Lisp 处理程序的最小规格和需求规格之间。

加新的英语单词作为翻译单词，还可以进行其他可能的操作。由此，搜索表结构进行数据搜索、登录等就是表处理。

表处理与数组不同，无法通过索引一并提取各元素，必须依次遍历指针，看似非常烦琐。但是，中途插入或删除数据时，仅需替换指针即可，非常简单。如果是数组，必须移动所有数据。

11.1.2 初等函数（Elementary Functions）

表处理可通过以下 7 种⊖基本操作组合进行。

① 取出单元的 CAR 部分。→car

② 取出单元的 CDR 部分。→cdr

③ 区分值为指针还是数据。如果是数据，即为原子⊖。→atom

④ 判断 2 个表结构（即 2 个指针）是否相同⊜。→eq

⑤ 创建一个新的单元（含 2 个指针），2 个指针分别作为 CAR 部分、CDR 部分。→cons⑭

⑥ 替换单元的 CAR 部分。→rplaca⑮

⑦ 替换单元的 CDR 部分。→rplacd⑯

这些基本操作就是表处理的初等函数（见图 11-1）。

⊖ 初等函数包括 5 种类型（除 rplaca、rplacd 以外）。但是，由于每次操作都要复制所有数据，所以现有的表结构难以变更。Lisp1.5 也是 7 种类型，在考虑其中 5 种类型时称之为 Pure Lisp。

⊖ 单元的内容为数据时，则无法搜索到更多数据。所以，依据末端构成物的含义，称之为 atom（原子）。

⊜ 是指表的形式并不相等，指针相同的意思，即 equate（同等），与 equal（相等）有所区别。

⑭ 制造的意思，即 construct（组装）。

⑮ 替换 CAR 部分，即 replaca CAR。

⑯ 替换 CDR 部分，即 replace CDR。

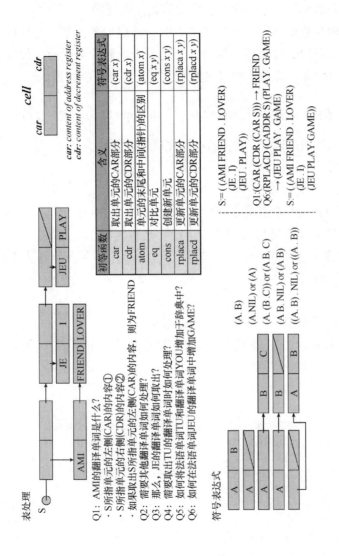

图 11-1 表处理和符号表达式

11.1.3 符号表达式 (Symbolic Expression)

表结构作为符号串表示时，基本上通过"."分隔单元的 CAR 部分和 CDR 部分，整体用括号围住。

$$
\begin{array}{|c|c|}
\hline
\text{CAR 部} & \text{CDR 部} \\
\hline
x & y \\
\hline
\end{array} \Rightarrow (x.y) \tag{11-1}
$$

这被称之为"点对（Dot Pair）"。通常，CDR 部分大多为表结构的指针。例如，将 $(x.y)$ 的 y 设定为 $(z.w)$ 等单元的指针，则表示为 $(x.(z.w))$。并且，当 $(x.y)$ 的 y 为空表 ( ) 时，通过 NIL（表的结尾）表示。即，$(x.( ))=(x.\text{NIL})$。其次，点和相邻的括号对省略。由此，$(x.(z.w))=(x z.w)$。此外，若 w 为 NIL，则 $(x z.\text{NIL})=(x z)$。

由此，看似复杂的表结构，可通过单元的 CAR 部分的值排列之后用括号括住⊖表示，如同排列集合中的元素（参见图 11-1）。

如上所述，通过括号及点分隔表结构的符号串表示方法就是符号表达式。符号表达式的定义如下。

```
定义 11-1
    符号表达式 = atom │（符号表达式. 符号表达式）│ NIL
                          ↳点（表示方法：可同相邻
                              的括号对一起省略）
atom = 名称 atom │ 数值 atom │ 字符串 atom
    原子（atom）表示基本的对象（事项、数据等）。
    名称 atom 表示变量名称、常数名称。如 abc、X5、@ 123、
T、PI 等。
```

⊖ 也有相反的说明。即，如果 $(x y z)$ 是集合，则元素按此顺序排列；如果 $(x y z)$ 是数组则为依次排列。如果是表，则附带 $x \to y$、$y \to z$ 的指针。这种说明容易理解，但未说明单元的点对表达，因此，正文中采用 Lisp1.5 的方法。

> 数值 atom 表示数值常数，字符串 atom 表示字符串常数。如
> 314、1. 23e-5、"xyz" 等。
>
> NIL：表示空表（ ）。NIL 还带有 atom 的性质。

基本上，符号表达式可递归定义为符号表达式的点对，这被称为点标记法（Dot Notation）。点标记法的括号较多，难以分辨。所以，如上所述省略点和相邻的括号对。由此，（符号表达式 . （符号表达式））这种括号套用结构，就是（符号表达式 符号表达式）等形式的简洁表示，这被称为表标记法（List Notation）。

表标记法并不属于符号表达式的定义，通常用于表结构的表示，很少用于点标记法。因此，如（符号表达式 符号表达式……）所示，通常将这种形式视为表（List）等基本数据结构。NIL 带有 atom 和表的两方面性质，但并不是点对。

11. 1. 4　格式（Form）

在 Lisp 中，不仅限于数据，程序也能通过符号表达式（表）表示。当一个符号表达式被视为程序时，即为"格式"[一]。格式为式（11-2）所示的符号表达式，第一个元素为函数，其他为参数数据[二]。

$$(f \quad x_1 \cdots x_n) \tag{11-2}$$

式中　f——函数；

　$x_1 \cdots x_n$——参数数据。

通过格式表示初等函数时，如下所示（参见 11. 1. 2 节）。

[一]　格式（Form）：又称形式，可直接引用英文 form。

[二]　是指函数处理的实际数据。如果单纯称之为"参数"，是指定义函数时从外部接收的变量值。

① 当 x =（A B C）时，（car x）= A[⊖]　…取出符号表达式的第一个元素。

② 同理，（cdr x）=（B C）　…移除符号表达式的第一个元素之后取出剩余的表。

③（atom（cdr x））= NIL、（atom（car x））= T　…如果参数数据为 atom 则返回 T，如果为指针则返回 NIL[⊖]。

④（eq x x）= T、（eq x（cdr x））= NIL　…两个参数数据相等则返回 T，否则返回 NIL。

⑤ x =（A B C），y =（D E）时，（cons x y）=（（A B C）.（D E））=（A B C）D E）。

即通过两个符号表达式制作点对。

⑥ 同理，（rplaca x y）=（（D E）B C）　…替换符号表达式的第一个元素。

⑦ 同理，（rplacd x y）=（（D E）D E）　…替换符号表达式的第一个元素以外的部分。

格式的第一个元素（即 CAR 部分）可能是表示函数名称的 atom，或表示函数定义的 λ 表达式（见 11.2.1 节）。表示函数名称时，使用另行定义的 λ 表达式等。表处理为初等函数的组合，如果将这种组合作为函数定义，并设置函数名称，则可进行各种表处理。实际上，不仅有原始函数，也可使用 Lisp 处理程序中的预定义函数来定义新的函数。这就是 Lisp 程序。

Lisp 程序与数据相同，由符号表达式构成也就是说 Lisp 的程序

⊖　刻意增加字体大小并不是将指针作为值的变量 atom，而是常数 A 的名称 atom。car 和 cdr 在搜索表时频繁使用，也可仅使用 a 和 d 简易表达为（car（cdr（car x）））=（cadar x）。

⊖　Lisp 中，真值 True 和 False 分别表示为 T 和 NIL。

执行也是一种表处理。将符号表达式视为格式，作为程序执行就是评价[⊖]。Lisp 处理程序的基本部分是指 Lisp 解释器[⊖]，即评价格式所需的 Lisp 程序。

⊖ 评价（Evaluate）：Lisp 中，程序与数据同为符号表达式，所以是"评价"，并非"执行"。评价将格式的第一个元素视为函数，将该函数应用（apply）于剩余的参数数据。但是，参数数据也是符号表达式，所以首先进行评价。

⊖ Lisp 解释器（Lisp Interpreter）：符号表达式视为格式，重复评价及适用。麦卡锡的原著（Lisp 1.5 Programmer's Manual）中，有记述解释器的 Lisp 程序。此外，通常解释器是指对源代码逐个解释执行的处理系统。但是，将源代码一并转换为内部代码时，称作编译器（Compiler）。Lisp 中，也可汇编为函数单位。

11. 2　λ 运算（Lambda Calculus）

λ 运算[一]是 20 世纪 30 年代中期开发的函数运算模型体系，与图灵机[二]一同成为计算机科学的基础概念。严格来说，在学校学习的函数及计算机程序同样依据 λ 运算。

11. 2.1　λ 表达式（Lambda Expression）

说到运算，我们就会想到四则运算等数值运算。但是，在计算机技术中，正确规定命令的执行顺序就是运算。并且，命令部分需要具备能够正确交互数据的特性。λ 运算就是利用 λ 表达式实现这种特性。λ 表达式的定义如下所示。

定义 11-2

λ 表达式 = 变量 ｜（λ（变量）λ 表达式）｜（λ 表达式　λ 项）

变量（Variable）：符号 atom，λ：希腊字母[三]，λ 项（Lambda Term）：λ 表达式。

有些定义没有外侧括号，但为了扩展到 Lisp 语言，在外侧加上括号进行说明。

"（λ（变量）表达式）"的形式表示函数的定义，λ 表达式为函数本体。此时的变量称之为 λ 变量（Lamda Variable），表示函数本

[一]　λ 运算（Lambda Calculus）：The calculi of lambda conversion,（Alonzo Church, 1936）。

[二]　图灵机（Turing Machine）：图灵（Alan Turing, 1936）提出。命令写在一条无限长的纸带上，读取纸带之后进行命令处理，更改内部状态的同时，将输出写入纸带中，纸带向左或向右移动一格，重复至结束命令的一种抽象机器。图灵机也被视为计算机的原型。

[三]　有使用希腊字母 λ 表示函数的惯用方式。

体的 λ 表达式中也有出现，并作为一个参数将外部数据传递给函数。函数本体的 λ 表达式中出现的 λ 变量以外的变量称之为自由变量（Free Variable），并不是参数。

"（λ 表达式 λ 项）"的形式表示函数的适用条件。即，左侧的 λ 表达式相当于函数，右侧的 λ 项相当于参数，其结果 λ 表达式适用于 λ 项，即评价 λ 表达式。

x、y 为变量，且 M、N 为 λ 表达式（λ 项）时，λ 表达式如下所示。

①x　　②$(x\ y)$　　③$(\lambda(x)M)$　　④$(\lambda(x)(\lambda(y)M))$
⑤$((\lambda(x)M)(\lambda(y)N))$　　⑥$(x(\lambda(y)N))$

即，①提取变量 x 的值。②x 作为函数，适用于 y。③函数的定义。④是有两个 λ 变量的函数体的嵌套定义。⑤通过将$(\lambda(y)N)$带入$(\lambda(x)M)$中的 x 来评估 M。⑥表示 x 作为函数，应用到 $(\lambda(y)N)$ 中。

但是，⑦$(\lambda(x\ y)M)$ 并非 λ 表达式。这是由于 λ 表达式的定义如上述④所示。关于此时的 M 中的变量 x 及 y，y 为 M 的参数（λ 变量），x 在 $(\lambda(y)M)$ 中为 M 的自由变量，在外侧的 λ 表达式中首次成为 λ 变量。其差异如下所示。

⑦的表达方式：$((\lambda(x\ y)(+x\ y))5\ 7)=(+5\ 7)=12$。
④的表达方式：$((\lambda(x)((\lambda(y)(+x\ y))5))7)$
$$=((\lambda(x)(+x\ 5))7)=(+7\ 5)=12。$$

如果严格依据 λ 表达式的定义，λ 变量仅有 1 个。所以，如上述④所示，定义内含多个参数的函数时 λ 表达式将被嵌套，括号较多难以分辨。函数本体的参数均视为 λ 参数，如果刚开始时能够将所有参数定义为 λ 变量就会非常方便。因此，作为 λ 表达式的简略方式，可以通过指定多个 λ 变量的表达方法，代替 λ 表达式的嵌套。λ 表达式的简略符号见定义（11-3）。

> 定义 11-3
>
> λ 表达式 $= (\lambda(x_1 \cdots x_n)\,M)$
>
> 其中，x_i 为 λ 变量，M 为 λ 项。

一个函数定义为 $f(x_1, \cdots, x_n) = M$，当该函数被调出时，被当作 $f(a,b,c)$ 使用，使用函数名 f。但是，λ 表达式中未出现函数名。除非在函数定义中使用[⊖]，否则不需要函数名。

λ 表达式是明确定义函数本体出现的变量中哪个是参数，并正确对应函数调出时的参数数据。通常，依据 λ 表达式的简略方式，通过式（11-3）的格式进行函数的定义及评价[⊖]。

$$((\lambda(x_1 \cdots x_n)\,M)\,c_1 \cdots c_n) \tag{11-3}$$

其中，$(\lambda(x_1 \cdots x_n)\,M)$ 是函数的定义；$c_1 \cdots c_n$ 是带入各参数 $x_1 \cdots x_n$ 的数据的符号表达式。例如，当 $a = (A\ B\ C)$、$b = (D\ E)$ 时，$((\lambda(x\ y)(\text{cons}\ (\text{car}\ x)\ (\text{cdr}\ y)))\,a\ b) = (A\ E)$。

11.2.2　归约（Reduction）

通过以下 3 个阶段的归约（或转换），进行格式评价[⊖]。

⊖ 函数递归定义时需要函数名。此时，通过标号标记等特殊 λ 表达式定义函数名。
标号标记（Label Notation）：$(\text{label}\ f(\lambda(x_1 \cdots x_n)\,M))$。
以标号开始，函数名和 λ 表达式作为参数数据的格式。函数名 f 只能在函数本体 M 中使用。

⊖ 将其称之为归约（见后文）。参数中未指定（非 λ 变量）的函数本体中的变量为本体中定义的狭义变量，或与函数调出时无关的外部定义的广义变量。

⊖ 归约中也包含 η 转换（Eta Conversion）。对于任何参数均为相同值的函数视为等价，即利用其消除 λ 表达式的冗长性的一种转换。例如，可如下公式化。
$((\lambda(x)\,M)\,x) \to M$
其中，无论参数 x 为何值，$((\lambda(x)\,M)\,x)$ 和 M 均相同，所以可转换为 M。但是，x 为 M 的自由变量时无法转换。例如，无论 x 为任何值，$((\lambda(x)(+x\ y))\,x)$ 均可转换为 $(+x\ y)$。但是，$((\lambda(x)(+x\ y))\,y)$ 无法转换为 $(+y\ y)$。

1）α 转换（Alpha Conversion）：更改 λ 表达式的参数名。

2）β 归约（Beta Reduction）：使参数数据对应 λ 表达式的参数，替换本体。

3）δ 归约（Delta Reduction）：进行格式的评价。

α 转换单纯为变量名的更改，但 λ 表达式被嵌套，内侧和外侧使用相同参数名时，为了避免混乱，应更改其中一个参数的名称。

$(λ(x\ y))(+x((λ(x)(^*x\ 10))y)))$ 表示运算 $x+10\ y$，如果消除 x 的重复，则方便分辨，如下所示。

➡ $(λ(x_1\ y)(+x_1((λ(x_2)(^*x_2\ 10))y)))$

β 归约将函数体的参数部分替换为参数数据。

$(((λ(x_1\ y)(+x_1((λ(x_2)(^*x_2\ 10))y)))5\ 7))$ 中代入 $x_1=5$ 和 $y=7$，如下所示。

➡ $(+5((λ(x_2)(^*x_2\ 10))7))$

➡ $(+5(^*7\ 10))$

δ 归约是在评价格式的阶段，依据上例进行加法和乘法的运算，获得数值 75。

11.2.3 归约算法

考虑到 λ 表达式的参数和数据的映射关系，β 归约是最重要的阶段。依据什么顺序转换 λ 表达式？或者转换至什么程度？这就是归约算法。

关于转换的顺序，可分为 2 种：从嵌套的 λ 表达式外侧先转换的方法，以及从内侧先转换的方法。从外侧为最外算法，从内侧为最内算法。例如，之前的 β 归约的说明事例为最外算法。先转换内侧的 λ 表达式就是最内算法[⊖]，如下所示。

⊖ 最内算法未必只有 1 个归约项，所以也有从左侧依次归约的最左最内算法。

$((\lambda(x_1\ y)\ (\ +x_1\ ((\ (\lambda(x_2)\ (\ ^*x_2\ 10)\ )\ y)\ )\ )\ )\ 5\ 7)$

➡ $((\ (\lambda(x_1\ y)\ (\ +x_1\ (\ ^*y\ 10)\ )\ )\ )\ 5\ 7)$

➡ $(\ +5\ (\ ^*7\ 10)\ )$

　　由上例或许会推测无论任何一种算法的最终结果都是相同的！但是，事实并非如此。

　　λ 表达式的可替换部分称为归约项（Redex）。并且，通过 β 归约使归约项消除的状态，就是 β 范式。上例中，无论最外算法还是最内算法，β 范式均为（+ 5（ * 7 10）），但也有其他情况。例如，需要将参数的评价延迟至必要时刻的延迟评价，即可使用最外算法。同时，如果是以下 λ 表达式，依据参数数据中也会出现 λ 表达式的事例，最外算法立即达到 β 范式。但是，最内算法中先对参数数据实施归约，如果 foo 等函数定义的 λ 表达式无法顺利归约，或许无法获得 β 范式。

$(\lambda(x\ y)\ (\ +\ x\ 1)\ )\ 5(\ (\lambda(z)\ (\text{foo}\ z)\ )\ 7)\ )$

最外算法中，y←（foo 7）未被使用，则

➡ （+ 5 1）

最内算法中，首先归约参数数据中出现的 λ 表达式，则

➡ $(\lambda(x\ y)\ (\ +\ x\ 1)\ 5\ (\text{foo}\ 7)\ )$

　　大多数情况下，函数的执行是在所有参数数据集齐之后进行的。此外，依据最外算法，在参数数据未定义状态下也能执行函数本体。即，延迟评价的思路，也是现代计算机语言中重要的思路。

11.3　Lisp 语言

Lisp 是一种计算机语言，以表处理及 λ 运算为基础用于符号处理，最早的版本为 20 世纪 60 年代制作的 Lisp1.5。20 世纪 70 年代制作出各种处理系统，20 世纪 80 年代推出 Common Lisp⊖，20 世纪 90 年代实现标准化⊜。同用于数值运算的 Fortran 一样，是历史最为悠久的语言。但是，由于较少用于商业，未曾发扬光大。

但是，由于程序也是表，通过表处理自动生成及优化程序的研究正在进行中。学习领域方面，也不仅限于通过分类学习改变加权矩阵，还能改变编写为程序的行动规范，实现成长型学习。今后在普通用户无法接触的领域，很有可能使用 Lisp 语言或衍生技术⊜。

11.3.1　Lisp 语言规范

Lisp 语言的结构简洁，采用表的第 1 项（car 部分）为函数，其他（cdr 部分）为自变量的基本格式。如前所述，表处理的初始函数为 7 个，所有函数由此合成制作。但是，实际上许多函数为事先准备的内置函数。

⊖ Guy L. Steele Jr. Common Lisp（Digital Press 1990）。1994 年，实现 ANSI 标准化。1997 年，ISO 标准的 SILISP 成为子集。

⊜ 标准化：1994 年　ANSI Common Lisp。

　　　　1997 年　ISO ISLISP（ISO/IEC 13816），Common Lisp 的子集。

　　　　1998 年　JIS LSLISP（JIS X 3012），依据 ISO。

　　　　2007 年　ISO ISLISP 修订。

⊜ 为什么不适合商用？由于语言规范为表（特殊性），并且处理系统为解释程序，所以单独的二进制码无法形成应用程序，导致性能方面及操作方面的问题。编程（含调试）均可灵活操作，在研究用途及原型开发中起到重要作用。例如，UNI 系统 OS 的 Emacs 编辑器使用 Lisp 编写，表的概念被 C++ 等许多语言采用。

　　并且，已制定包括数据表达方法、λ 运算相关 λ 变量的绑定[⊖]
方法、函数的定义方法、已定义函数的翻译方法等。

1. Lisp1. 5

　　Lisp 的基本语言规范以 Lisp1. 5 为框架。包含表处理相关的各
种操作、数值运算等，备有 150 个左右的内置函数。

　　程序被定义为函数。原理上来说，函数定义是将 λ 表达式置于
函数名称的属性表[⊖]中。通常，用内置函数能够轻松定义函数定义。
以函数单位将符号表达式翻译成二进制代码的汇编器最初也包含于
规范中。数据不仅限于符号（符号表达式），还包括数值，能够处
理数值运算。特点就是无限多倍长整数[⊜]，它是一个任意位数的整
数，通过内部表结构管理所有数据的 Lisp 特有规范。

2. Common Lisp

　　Common Lisp 是各种 Lisp 语言规范的集大成者，具有以下特点。

　　1）追加矩阵、结构、目标作为数据。

　　2）数值数据包括整数（Integer：fixnum，bignum）、分数
（Ratio）、实数（Floating-Point Number）、复数（Complex Number）。
Fixnum 为通常的整数，bignum 为无限多倍长整数。

　　3）规定变量及名称的作用域和生存期（见 11.3.2 节）

⊖　绑定（binding）：实际自变量数据分配至 λ 变量。与代入（assign）不同，如果
　　超出 λ 变量的有效范围，则看不到绑定的值。
⊖　属性表（Property List）：名称中附带的具有各作用的属性及值的表。名称作为变
　　量使用时 APVAL，函数名称作为变量使用时 EXPR，其函数翻译之后为 SUBR，
　　与属性成对且具有值及函数定义。因此，Lisp 中一个名称可用于变量、函数等多
　　个用途。此外，Lisp1. 5 中函数定义用 define（函数定义表）与 EXPR 属性成对
　　登录于函数名称的属性表中。但是，之后的 Lisp 中统一为 defun 等名称。
⊜　Lisp1. 5 的语言说明书中未明确规定，但 Lisp 当初能够进行整数运算。富士通的
　　Lisp 中将其称之为扩展整数，常规的整数运算中如果产生溢出，自动转换为表结
　　构的扩展整数。例如，像 2^{128} 这样的整数也能正确处理到第 1 位。

4）宏（Macro）：将定义本体的符号表达式展开至已调出位置。与函数不同，不用执行评价。

5）闭包（Closure）：函数定义中包含定义时环境的概念下，处理动态函数定义或函数自变量时，可以将定义时的状态保存为函数定义的环境，如全局变量的值，这样就不会受操作时的状态影响。又称为"函数闭包"。

6）包（Package）：表示名称空间，可避免大规模程序条件下名称重复。

这些功能在 Lisp 以外语言中是普通功能，但 Lisp 除了表处理特有功能，还能处理普通程序，更具实用性。

3. ISLISP

Common Lisp 是 ANSI 标准（美国），但无法直接套用国际标准，所以制定 ISLISP 作为 ISO 标准。ISLISP 的最大特点就是所有数据均以类型为基础组成，其他语言的形式（type）概念包含于类型（class）中。并且，结构（structure）也包含于类型之中。从实用方面考虑，Common Lisp 已经普及[⊖]。

11.3.2　作用域和生存期（Scope & Extent）

Common Lisp 的重要概念之一，就是作用域[⊖]和生存期[⊜]。这是变量名等名称的识别方法和寿命相关的概念，通常仅称之为狭义（local）变量或广义（global）变量，但 Common Lisp 中严密区分规

○　面向对象的类型为用户定义型。表达方面，可用类型代替结构。但是，在功能实现上可能出现性能等方面的差异，所以容易让用户感到过于简化。

○　作用域（Scope）：名称的可见范围。ISLISP 的 JIS 标准中称之为"有效范围"。

○　生存期（Extent）：名称的存在范围。ISLISP 的 JIS 标准中称之为"存在周期"。20 世纪 60 年代发布的 Algol 60 已经涉及这方面的概念，子程序的狭义变量在此子程序执行后仍然存留的性质被称为自身属性。

定为空间层面（作用域）和时间层面（生存期）。

1. 作用域（Scope）

名称可作为变量名或函数名使用。如果是变量名，通常只能在已被定义的函数内使用。如果是函数名，程序整体均可使用。但是，同函数名一样，变量名也有程序整体均可使用的情况。并且，函数名也有只能在标号标记等函数定义内使用的情况。由此，"嵌套的函数定义中，以外侧的函数定义使用的变量名是否能够在内侧的函数定义内使用？""外侧和内侧的函数定义为相同变量名时如何处理？"诸如此类的疑问便会出现。因此，规定名称可见范围的就是作用域。

作用域中，包括依存于空间的静态作用域⊖以及不依存于空间的无限制作用域⊖。

函数的参数、函数内定义的狭义变量等，包含静态作用域。函数为嵌套时，内侧的狭义变量无法从外侧看见，且外侧的狭义变量也无法从内侧看见。因此，双方使用相同变量名也不会出现任何问题。此外，作为函数名⊖或常数的名称、程序整体定义的广义变量，包含无限制作用域。所以，从任何方向均能看见，与空间无关。

2. 生存期（Extent）

其他语言中，可能出现从内侧看见外侧的狭义变量的情况。在Common Lisp 中，通常不会出现这种情况。但是，如果想要出现这

⊖　静态作用域（Lexical Scope）：限定仅在包含需要定义位置在内的函数、代码块（文法上的区域）中。JIS 标准中称之为"静态"。

⊖　无限制作用域（Indefinite Scope）：与定义的位置无关，任何位置均能看见。JIS 标准中称之为"无限制"。

⊖　函数及其名称的定义，依据 defun 进行。但是，标号标记的函数名仅在函数定义内可见，所以是静态作用域。

种情况时，可以使用特殊变量[○]。特殊变量不是广义变量，却包含无限制作用域，两者的差异取决于生存期。即，广义变量始终可见，但特殊变量只能在特定的空间中看见。由此，规定什么时间可见的就是生存期。

生存期中，包括依存于空间的动态生存期[○]以及不依存于空间的无限制生存期[○]。

特殊变量包含动态生存期，如果包含变量名的特殊声明的函数正在执行，则任何位置均可见。名称除了变量名、函数名以外，还有警报处理时的受理端名[⑳]等各种用途，包含固有的作用域和生存期（见图 11-2）。

为了理解图 11-2 的右侧示例中特殊变量的效果，图 11-3 所示为有/无特殊声明的不同答案。这是在 Windows 上通过 GNU Common Lisp 执行的示例。Lisp1.5 中没有这种概念，所以通过图 11-3 中（2）的程序在 fee 中替换 foo 的 y，（foo 5 10）的值变成 12。foo 以下调出系列只使用狭义变量，fee 等不使用自己的狭义变量时，无法保证 foo 的定义。Common Lisp 的作用域和生存期就是为了解决这种问题。

○ 特殊变量（Special Variable）：依据特殊声明定义。

○ 动态生存期（Dynamic Extent）：仅在相关语境执行过程中可见。JIS 标准中称之为"动态"。

○ 无限制生存期（Indefinite Extent）：执行任何语境均可见。JIS 标准中称之为"无限制"。

⑳ Catch Tag：通过"捕捉（catch）"准备接收端，并由"抛出（throw）"将控制交给接收端。次接收端的名称就是"catch tag"，包含动态生存期。

Scope \ Extent	Dynamic(动态)的任条件 存在期间处于活跃状态	Indefinite(无限制)在可 参照期间处于活跃状态
Lexical(静态) 含时间制约	block出口、go标签	函数参数、狭义变量
Indefinite(无限制) 制无限时间制约	特征变量、catch标签	函数、常数、广义变量

作用域(Scope): 空间的有效范围
生存期(Extent): 时间的存在周期

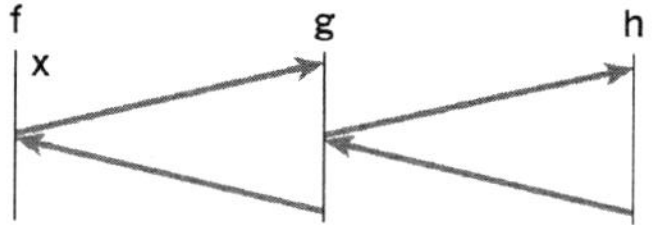

x的作用域仅在f定义内有效
x的生存期在g、h的执行过程中也存在

```
(defun foo (x y) (+ x (fee y)))
(defun fee (x) (* x p))

(set 'p 10)
(foo 5 2) → 25            (foo, fee, p : Indefinite, Indefinite
(fee 5) → 50              x,y : Lexical,Indefinite)
```

```
(defun foo (x y)
  (declare (special y))
  (+ (fee x) y))
(defun fee (x)
  (setq y (+ x 1)))
(foo 5 10) → 12 (不是16)
```

foo,fee : Indefinite,Indefinite
x : Lexical,Indefinite
y : Indefinite,Dynamic

```
(defun foo (x) (catch 'p (+ 1 (fee x))))
(defun fee (x) (catch 'p (* 10 (fun x))))
(defun fun (x) (throw 'p x))
(foo 5) → 6 (不是5)

(defun fee (x) (catch 'q (* 10 (fun x))))
(foo 5) → 5 (不是6)
```

foo,fee,fun : Indefinite, Indefinite
x : Lexical,Indefinite
p,q : Indefinite,Dynamic

foo的catch标签p被fee的映射, fun的抛出(throw)则捕捉(catch)了fee的p
如果fee的catch标签为q(非p),则fun的抛出(throw)将捕捉(catch)foo的p

图 11-2 作用域和生存期

```
>(defun foo(x y)
  (declare (special y))
  (+ (fee x) y))

FOO

>(defun fee(x)
  (setq y (+ x 1)))

FEE

>(foo 5 10)

12

>y

Error: The variable Y is unbound.
Fast links are on: do (si::use-fast-links nil) for debugging
Error signalled by EVAL.
Broken at EVAL.  Type :H for Help.
>>:r

Top level.
```

(1)有特殊声明

(foo 5 10)条件下绑定为$x/5$、$y/10$，(+(fee 5)y)条件下为$y/6$，(fee 5)为setq的值6，所以(+ 6 6)=12。

特殊变量y为foo和fee共有，但不是广义变量，等级直接参照会产生错误。foo的累加顺序转置，即(+ y (fee x))则(+ 10 6))=16。

```
>(defun foo(x y)
  (+ (fee x) y))

FOO

>(defun fee(x)
  (setq y (+ x 1)))

FEE

>(foo 5 10)

16

>y

6

>
```

(2)无特殊声明

foo的y是带有静态作用域的狭义变量，fee的y为广义变量。foo中保持$y/10$，(+ 6 10)=16。

y在foo和fee中不同。

图 11-3　特殊变量的效果

11. 4　Lisp 处理系统

Lisp1. 5 之后还制作出许多 Lisp 处理系统，但目前较多使用的是 Common Lisp 配置[一]。此处，对 Lisp 处理系统的主要通用结构进行说明。

11. 4. 1　Lisp 处理系统的基本结构

Lisp 处理系统的基本结构以 Lisp1. 5 为基础。接下来，对其主要结构进行说明。

1. 解释器（Interpreter）

解释器是评价格式的 Lisp 处理系统的中枢，也可由表定义为 Lisp 程序（表处理所需）。

Lisp 启动时最先运行的程序就是 eval 函数，其中绑定 λ 变量，并为了执行格式第 1 项的函数，调出 apply 函数，apply 中重新调出 eval，最终执行初始函数或内置函数。

图 11-4 所示为 Lisp 解释器的示意图[二]。

2. 变量的绑定方式

Lisp1. 5 中变量绑定为单纯的动态绑定，通过关联表（Association

[一]　Common Lisp 之前的处理系统（包括语言规范）中，较为有名的包括 MACLISP（MIT，20 世纪 90 年代）、InterLisp（BBN，20 世纪 70 ~ 80 年代）、Scheme（MIT，20 世纪 70 年代）等，最终的集大成者就是 Common Lisp。在日本，也有 UtiLlsp（东京大学，20 世纪 80 年代）、KCL（京都大学，1984，日本首个 Common Lisp）。目前使用的处理系统包括 ACL（Allegro Common Liso，Franz Inc.）、GCL（GNU Common Lisp 等，可在 Linux 及 Windows 上使用。

[二]　以麦卡锡的 Lisp1. 5 原著中记述的内容为基础，笔者仅摘录重要部分，仅供参考。内置函数、翻译函数未考虑在内。但如果将它们考虑在内，则应用的初始函数之后应检查内置函数名称，加入将控制转移至此代码的表达。其中，"：="表示函数定义，[a->x；b->y；t->z]表示条件式（if a then x else if b then y else z）。

list）这种结构将变量及其值组成 cons 单元，参考时从前方提取变量名一致的单元的值。

即使在广义变量和狭义变量为相同名称时，这种方式也能在关联表上先发现狭义变量，正常使用没有问题。但是，无法实现图 11-2所示静态作用域。因此，通常使用将环境信息一并保存于栈的方式，代替关联表。

```
(eval x a) : =                                    ; 关联表a上评价格式x
  [(atom x)->(value x a);                         ; 提取变量的值
   (atom (car x)) ->                              ; x: (func arg)
     [ (eq (car x) 'quote) -> (cadr x);           ; 引用值不变
      (eq (car x) 'cond) -> (evcon (cdr x) a) ;   ; 条件式评价
      t -> (apply (car x) (evlis (cdr x) a) a) ] ; ; 使用定义函数
   t -> (apply (car x) (evlis (cdr x) a) a) ] ]   ; 使用λ函数

(apply fn x a) :=                                 ; 函数fn用于自变量x，关联表a
  [ (atom fn) -> [ (eq fn'CAR) -> (car x)) ;       ; 格式为初始函数car
                 (eq fn 'CDR) -> (cdr x)) ;         ;  cdr
                 (eq fn 'ATOM) -> (atom x)) ;       ;  atom
                 (eq fn 'EQ) -> (eq (car x) (cadr x)); ;  eq
                 (eq fn 'CONS)-> (cons (car x) (cadr x)); ;  cons
                 (eq fn 'RPLACA) -> (rplaca (car x) (cadr x)); ;  rplaca
                 (eq fn 'RPLACD) -> (rplacd (car x) (cadr x)); ;  rplacd
                 t->(apply(eval fn a)x)a];          ; 提取使用函数定义本体
   (eq (car fn) 'LAMBDA) -> (eval (caddr fn) (pairlis (cadr fn) x a)) ] ; λ式本体评价

(value x a)      ; 提取关联表a~x的值
(evcon x a)      ; 处理麦卡锡的条件式，条件部分找出真值对，进行评价
(evlis x a)      ; 关联表a上评价自变量，恢复各评价值的表
(pairlis x y a)  ; 将λ变量x和数据y的cons对的表加入关联表a
```

图 11-4 Lisp 解释器的示意图

3. 编译器

从表中将已定义函数转换为二进制代码，即以函数单位进行翻译，使表格评价速度大大加快。表格的第 1 项函数翻译完成之后，解释器处理自变量，并同内置函数一样将控制交给二进制代码。但是，与常规的编译器语言不同，它始终是在解释器的支配下运行。也可只翻译完成部分的函数，并将其同表状态的函数混合使用。

通常情况下，解释型语言的执行速度很慢，但启动解释器将其全部翻译后，它几乎和编译型语言的二进制代码一样快。

4. 内存管理

Lisp 在内存中动态地创建或删除数据和程序表结构，使用叫作堆（heap）的动态工作区域。通常情况下，为了加快进程，分配的区域越来越多，即使有些区域被删除，仍会保留它，所以最终会导致区域被耗尽。因此，需要经常回收被删除的区域，以便重新使用，这被称为无用单元收集（Garbage Collection，GC）。这不仅是 Lisp 的必要机制，也是其他语言和操作系统的必要机制。典型的方法描述见 11.4.2 节。

11.4.2　Lisp 机

Lisp 处理系统最初安装于通用计算机上。但是，为了进一步实现高速化，依据以下思路，在 20 世纪 80 年代制作了众多 Lisp 专用机（包括商用机）[○]。

1）寄存器组成绑定机构的硬件栈。

2）通过单元的硬件标签进行属性管理。

3）cdr 编码（通过连续布置单元以省略 cdr 部位，实现高效化）。

4）解释器（eval、apply 等内置函数）的固件化。

目前，由于通用 CPU 的升级，这种结构已不被重视。但是，技术限制终将会被突破。也许将来这种结构会被淘汰，但其思路本身会对下个时代产生启示。

○　主要 Lisp 机如下所示。

　　FLATS（理化学研究所）：Hash、GC、栈等硬装、REDUCE3 搭载。

　　Symbolics3600（Symbolics）：Tag 机、Cdr coding、栈机。

　　FACOM α（富士通）：64KB 硬件栈、解释器的 Farm 化。

11. 4. 3 无用单元收集 （Garbage Collection）

计算机的存储器、硬盘的空间管理中，通常会将不需要的存储空间收集起来，方便之后使用。这个过程就是无用单元收集。计算机语言并不是只会占用空间，也会适当进行无用单元收集。而且，这种技术也是源自表处理。不仅限于无用单元收集，从表处理发展的技术还有很多⊖。

无用单元收集通常分为两个阶段进行。

1）决定单元死活：依据标记（Marking）、引用计数（Reference counting）。

2）移动单元（Compaction）：为了避免空间的碎片化（fragmentation），重新配置活单元。

此外，无用单元收集的时机如下所示。

① 统一型：空间用尽时统一回收（见图 11-5）。

标记清除（Mark and Sweep）：搜索活单元并标记，回收未标记的单元。

复制方式（Copying）：搜索活单元，复制到其他空间。移动单元也在同时进行。

② 随机型：空间释放时随时回收。

引用计数（Reference counting）：统计被引用数，依据 0 回收，收集相邻垃圾。

并行 GC⊖：通过回收专用线程，与实际工作并行随时回收。

⊖ 如存储空间（bucket）法是名称管理中使用的散列表（hash table）之一，它本身就是表处理过程。

⊖ 无用单元收集，通常简称为 GC。以前的 GC 对本体处理影响较大，但并行 GC 为操作系统等级，通过与本体处理区分开的线程承担繁杂的回收处理，所以对本体处理没有影响。

③ 更新换代型：根据空间的访问状况，对活空间实施分级，实现高效回收。

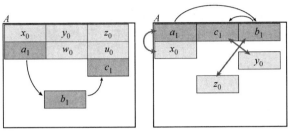

①标记活动单元。
②从顶端开始依次搜索活单元和死单元，并替换。替换时，活单元的目的地会被记忆在初始位置。
③任意搜索达到空间终点时结束。

a) 标记清除 (Mark and Sweep)

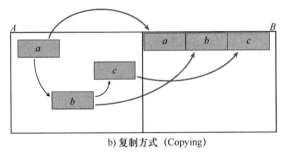

准备两个同样大小的空间，将活单元依次从一个空间复制到另一个空间。
移动的活单元可能被其他单元链接，应将目标位置记忆到复制源。该方式速度快，但需要两倍的空间。

b) 复制方式 (Copying)

图 11-5　统一型无用单元收集

第 12 章

记录事件关系的计算机语言 =Prolog

逻辑编程（Prolog）是在 20 世纪 70 年代（Lisp 发布的 10 年之后）提出的（Alain Colmerauer，1972），被应用于谓词逻辑的语言中，第一个处理器 DEC-10 PROLOG 是由爱丁堡大学的研究人员开发的（Robert Kowalski & David Warren，1974）。

人类的思想未必是程序性[⊖]的，记忆结构被认为是将事物概念存储为他们之间的关系。为了表现这种结构特性，进行说明性[⊖]表现的 Prolog 极为有效。此外，推理、并行性等特点也很重要。Prolog 是基于谓词逻辑的语言，谓词逻辑是符号逻辑[⊖]的一种逻辑体系。本章中，为了帮助理解 Prolog，将对①命题逻辑、②谓词逻辑、③霍恩子句、④合一和回溯、⑤WAM 和抽象命令进行说明。

⊖ 程序性（Procedural）：表示运算顺序，记述 How（如何）。

⊖ 说明性（Declarative）：表示事件的关系，记述 What（什么）。在学校学习的函数也是表示左边和邮编的关系的说明表示。

⊖ 符号逻辑（Symbolic Logic）分为许多种类：涉及问题真假的命题逻辑（Propositional Logic），以及通过谓词表示问题的谓词逻辑（Predicate Logic）。其次，在符号中导入不完全性、时间条件、非单调性等高级概念，维持严密性，形成能够更加灵活运用的各种逻辑体系。

12.1　命题逻辑（Propositional Logic）

以真假（TRUE/FALSE）值的形式表现问题就是一种命题（Propositional）。命题逻辑是指通过符号表示命题，复杂的命题同样仅凭符号操作即可进行真假判断的逻辑体系。本节中，为了理解符号及符号的操作，先对命题逻辑进行说明。

12.1.1　命题变量（Propositional Variable）

在考虑"明天是晴天或多云"这个命题时，用"A"表示"明天晴天"，"B"表示"明天多云"，符号"$\vee$"表示"或"，则命题转换为符号串 $A \vee B$。相对于该符号串，如果天气预报就是"明天晴天"，则 A 为正，即原命题 $A \vee B$ 为真。但是，如果天气预报是"明天下雨"，则 A、B 均为假，即 $A \vee B$ 为假。

如果以"明天是晴天就去郊游"为命题，用"P"表示"明天是晴天"，"Q"表示"去郊游"，符号"$\rightarrow$"表示"就"，则命题转换为符号串 $P \rightarrow Q$。如果天气预报是晴天，按计划去郊游，则 P 或 Q 均为真，即此命题 $P \rightarrow Q$ 为真。那么，明天多云又会如何？并不是说明天不是晴天就不能去郊游，此时与 Q 的真假无关，$P \rightarrow Q$ 应为真。这是由于"就"这个前提已经不成立，后续更不用考虑。

以符号串表示命题时，表示各种命题的符号就是命题变量（Propositional Variable）。并且，上述 A、B、P、Q 就是命题变量。命题变量如果用符号表示，则不用考虑其含义就能进行符号串的操作。但需要考虑真假时，命题变量的真假就取决于命题变量所代表的内容，从而决定整体命题的真假。

12.1.2　逻辑连接符（Logical Connective）

上述事例中使用了"∨""→"等逻辑连接符（Logical Connective）[一]来连接命题变量，以表示更加复杂的命题。在命题逻辑中，使用以下 5 种逻辑连接符。此处，"…"表示命题。

① 否定（NOT；Negation）　　　　　　　　　　 ~（…不是）

② 逻辑乘或并列（AND；Logical Conjunction）∧（…且…）

③ 逻辑和或选择（OR；Logical Disjunction）　∨（…或…）

④ 含义（IMP：Implication）　　　　　　　　→（如果…则…）

⑤ 等价（EQ：Equivalence）　　　　　　　　 ≡（…与…相同）

逻辑连接符的运算见表 12-1。

表 12-1　逻辑连接符的运算

P	Q	$\sim P$	$P \wedge Q$	$P \vee Q$	$P \to Q$	$P \equiv Q$
F	F	T	F	F	T	T
F	T	T	F	T	T	F
T	F	F	F	T	F	F
T	T	F	T	T	T	T

注：P、Q 表示命题，T 表示命题为真，F 表示命题为假。

12.1.3　命题表达式（Propositional Expression）

如果通过逻辑连接符连接命题，则成为表达更加复杂命题的符号串，即命题表达式（Propositional Expression），其定义如下所示。

一　又称逻辑运算符（Logical Operator）。我们平常使用的自然语言中，也经常使用"不是""和""或""如果…则…"等表达方式。这些表达方式相当于逻辑连接符，可简洁记述复杂的逻辑表达。逻辑连接符的书写样式有多种，本书中使用 ~、→、≡。并且，~的优先顺序比其他的高。

> 定义 12-1
>
> P 为命题变量时，P 及 $\sim P$ 为命题表达式。将其称之为字面量（Literal）。
>
> P、Q 为命题表达式时，$\sim P$、$P \wedge Q$、$P \vee Q$、$P \rightarrow Q$、$P \equiv Q$ 为命题表达式。
>
> 命题表达式经由上述条件生成。

依据命题表达式的定义，仅列出命题变量或由 "$\sim$" 以外的逻辑连接符连接的，并非命题表达式。例如，$P \wedge \sim P$ 或 $P \vee \sim \sim Q$ 是命题表达式，但 $PQ \sim R$ 或 $P \wedge \vee Q$ 不是命题表达式。

命题表达式通过考虑式中所包含命题变量的真假，决定整体的真假。任何情况下必须为真的命题表达式就是恒真式（Tautology），必须为假的命题表达式就是恒假式（Contradiction）。例如，$P \vee \sim P$ 为恒真式，$P \wedge \sim P$ 为恒假式。

12.1.4　真值表（Truth Table）

相对于命题变量的真假模式，表示命题表达式整体真假值的表就是真值表（Truth Table）。表 12-2 为真值表的事例。

表 12-2 为 P、Q 作为命题变量时 $P \rightarrow Q$（含义）和 $P \equiv Q$（等价）的真值表，分别与 $\sim P \vee Q$、$(P \rightarrow Q) \wedge (Q \rightarrow P)$ 的真值表一致。真值表一致的 2 个命题表达式称之为等价$^{\ominus}$，可从一方变为另一方。真值表相同却存在多个形式不同的命题表达式时，应当统一为相同形式。

$\ominus$　与逻辑连接符的等价（$\equiv$）的含义不同（此处表示可变形的意思）但是，考虑到真值表一致的观点，两者不需要区分，使用相同的术语和符号（$\equiv$）。

表 12-2　含义·等价的真值表

P	Q	$P{\rightarrow}Q$	$\sim P$	$\sim P \vee Q$	$P \equiv Q$	$Q{\rightarrow}P$	$(P{\rightarrow}Q) \wedge (Q{\rightarrow}P)$
F	F	T	T	T	T	T	T
F	T	T	T	T	F	F	F
T	F	F	F	F	F	T	F
T	T	T	F	T	T	T	T

一致　　　　　　　一致

12.1.5　子句形式（Clausal Form）

由字面量的逻辑和构成的命题表达式就是子句，子句的逻辑乘就是子句形式（Clausal Form）[⊖]。定义如下所示。

> 定义 12-2
>
> P_{ij} 作为字面量（命题变量或其否定）时
>
> 子句：$C_i = P_{i1} \vee P_{i2} \vee \cdots \vee P_{ij} \vee \cdots \vee P_{in}$
>
> 子句形式：$(C_1 \wedge C_2 \wedge \cdots \wedge C_i \wedge \cdots \wedge Q_m)$

12.1.6　等价变形

存在多个带有相同真值且形式各异的命题表达式时，建议统一为子句形式。通常，依据等价变形（不改变真值表的转换），任意命题表达式均可转换为子句形式。等价变形的模式见图 12-1。

图 12-1 的等价变形模式表示" ≡ "的两侧可以相互替换。即，

⊖　这种形式称之为合取范式（Conjunctive normal form：CNF）。与此相对，改变 ∧ 和 ∨ 位置的形式称之为析取范式（Disjunctive normal form：DNF）。如果 CNF 中任意一个子句为假则整体为假，DNF 中任意一个子句为真则整体为真。子句形式为 CNF。

①互补律
$P \lor \sim P \equiv T$(排中律)
$P \land \sim P \equiv F$(矛盾律)

④交换律
$P \lor Q \equiv Q \lor P$
$P \land Q \equiv Q \land P$

⑦吸收律
$P \lor (P \land Q) \equiv P$
$P \land (P \lor Q) \equiv P$

②幂等律
$P \lor P \equiv P$
$P \land P \equiv P$

⑤结合律
$(P \land Q) \land R \equiv P \land (Q \land R)$
$(P \lor Q) \lor R \equiv P \lor (Q \lor R)$

⑧移除双重否定
$\sim(\sim P) \equiv P$

③恒真律・恒假律
$P \lor T \equiv T$、$P \land T \equiv P$
$P \lor F \equiv P$、$P \land F \equiv F$

⑥分配律
$P \lor (Q \land R) \equiv (P \lor Q) \land (P \lor R)$
$P \land (Q \lor R) \equiv (P \land Q) \lor (P \land R)$

⑨德・摩根定律
$\sim(P \land Q) \equiv \sim P \lor \sim Q$
$\sim(P \lor Q) \equiv \sim P \land \sim Q$

⑩移除含义・等价
$P \rightarrow Q \equiv \sim P \lor Q$
$(P \equiv Q) \equiv ((P \rightarrow Q) \land (Q \rightarrow P))$

图 12-1　命题表达式的等价变形

P、Q—命题表达式　　$\equiv$—可替换

这些真值一致。关于⑩移除含义・等价，通过表 12-2 可知是一致的。所以，还要考虑⑨德・摩根定律（见表 12-3）。

需要将任意命题表达式转换为子句形式时，依据以下顺序进行等价变形即可。

① 移除含义（→）和等价（≡）。

② 移除否定（~）：适用双重否定、德・摩根定律。

③ 适用分配律、结合律、交换律。

表 12-3　德・摩根定律的真值表

P	Q	$P \land Q$	$\sim(P \land Q)$	$P \lor Q$	$\sim(P \lor Q)$	$\sim P$	$\sim Q$	$\sim P \lor \sim Q$	$\sim P \land \sim Q$
F	F	F	T	F	T	T	T	T	T
F	T	F	T	T	F	T	F	T	F
T	F	F	T	T	F	F	T	T	F
T	T	T	F	T	F	F	F	F	F

一致　　　　　　　　一致

如下所示，将 $(P \wedge \sim Q) \rightarrow (Q \wedge R)$ 这个命题表达式转换为子句形式。

$(P \wedge \sim Q) \rightarrow (Q \wedge R)$

$\equiv (\sim(P \wedge \sim Q)) \vee (Q \wedge R)$ 移除含义

$\equiv (\sim P \vee (\sim \sim Q)) \vee (Q \wedge R)$ 德·摩根定律

$\equiv (\sim P \vee Q) \vee (Q \wedge R)$ 移除双重否定

$\equiv ((\sim P \vee Q) \vee Q) \wedge ((\sim P \vee Q) \vee R)$ 分配律

$\equiv (\sim P \vee (Q \vee Q)) \wedge ((\sim P \vee Q) \vee R)$ 结合律

$\equiv (\sim P \vee Q) \wedge ((\sim P \vee Q) \vee R)$ 幂等律

$\equiv \sim P \vee Q$ 吸收率

原命题表达式复杂，难以判断真假，但子句形式非常简单。如下所示，将 $(P \rightarrow Q) \vee \sim Q$ 这个命题表达式转换为子句形式。

$(P \rightarrow Q) \vee \sim Q$

$\equiv (\sim P \vee Q) \vee \sim Q$ 移除含义

$\equiv \sim P \vee (Q \vee \sim Q)$ 结合律

$\equiv \sim P \vee T$ 排中律

$\equiv T$ 恒真律

此例表示原命题表达式为恒真式。此真值表与 P、Q 的真假无关，始终为真。

以上为命题逻辑的概要，但是否能够通过命题表达式解决现实问题？例如，用于验证硬件逻辑设计的模型检测器（Model Checker）依据的是融入时间条件的逻辑体系，通过命题逻辑形式的逻辑表达式编写。这意味着验证的自动化得到了命题逻辑的支撑。

12. 2　谓词逻辑（Predicate Logic）

命题逻辑的框架构成中，命题变量仅考虑真假值，这些变量所表达的含义并未考虑。

例如，通过符号表达"明天是晴天就去郊游"时，命题逻辑即可记述为 $P \lor Q \to R$，但原文的含义消失。因此，可以按式（12-1）的形式表述。

$$\text{fine(tomorrow)} \lor \text{cloudy(tomorrow)} \to \text{go(picnic)}　或$$

$$\text{fine(X)} \lor \text{cloudy(X)} \to \text{go(Y)} \qquad (12\text{-}1)$$

由此，原文的含义也能表达。因此，谓词逻辑就是一种问题含义也能通过符号表达的逻辑体系。为了理解谓词逻辑（即 Prolog 语言的理论基础），对谓词逻辑的概要进行说明。

12. 2. 1　谓词逻辑表达式（Logical Expression in Predicate Logic）

式（12-1）就是谓词逻辑表达式。通过"tomorrow""picnic""X""Y"等符号表达问题中表现的对象（事件、数据），同时对象的性质及动作也可通过"fine""cloudy""go"等符号表达。通常，谓词表达"…是…"或"…为…"等对象的性质及动作。通过逻辑连接符将这些对象连接而成的逻辑表达式就是谓词逻辑表达式。

谓词逻辑表达式的示例如下。

$\forall X(\sim \text{rain}(X) \to \exists Y \text{ walk}(Y))$　　　如果不下雨，每天都会在某处散步。

$\forall X(\text{bird}(X) \to \text{wing}(X))$　　　所有鸟都有翅膀。

$\forall X(\text{bird}(X) \to \exists Y(\text{wing}(X) \land \sim \text{fly}(X,Y)))$　虽然是鸟，但不能飞。

谓词逻辑表达式的定义如下所示。

定义 12-3

谓词：谓词符号（项 ＊）

　　谓词（Predicate）由表示谓词名称的谓词符号及其参数项构成，表达项之间的关系、对象的性质及动作。参数中不可指定谓词符号[⊖]。

项：变量｜常数｜复合项

复合项：函子（项 ＊）

　　项（Term）由变量、常数或函数构成。函数是由表达函数名称的函子及参数项构成。

　　变量（Variable）是以对象为值的名称（大写表示）。

　　常数（Constant）是表示特定对象的常数（小写表示）。

　　复合项（Compaound Term）由一连串的函子和它们的参数（术语）组成。

　　函子（Functor）是一个描述对象的性质或操作的名称或符号。

原子（atom）：项｜谓词

　　Atom（Atomic Formula）是最基本的逻辑表达式，由项或谓词构成。又称作元素表达式。

逻辑连接符：$\sim$｜$\wedge$｜$\vee$｜$\rightarrow$｜$\equiv$

　　逻辑连接符（Logical Connective）与命题逻辑时相同

字面量：atom｜$\sim$atom

　　字面量（Literal）是无法继续分解的逻辑表达式，由正字面量或负字面量（带$\sim$）构成。

量词：$\forall$｜$\exists$

⊖　一阶谓词逻辑（First-order Predicate Logic）的框架结构中，谓词符号无法指定为谓词的参数。

∀是全称量词（Universal Quantifier）"针对所有…"。

∃是存在量词（Existential Quantifier）"针对某个…"。

谓词逻辑表达式：atom ｜ 逻辑连接符连接的谓词逻辑表达式 ｜ 含量词的谓词逻辑表达式

注：依据以上定义，" ＊ "表示重复，" ｜ "表示选择。

12. 2. 2　谓词逻辑的子句形式

在谓词逻辑的情况下，命题逻辑的子句形式中包括含有量词形式的子句形式（Clausal Form）。子句中间的量词均可出现在子句形式的前端，称之为前束范式（Prenex Normal Form），定义如下所示。

定义 12-4

P_{ij} 作为字面量（原子或其否定）时，

子句：$C_i = P_{i1} \bigvee P_{i2} \bigvee \cdots \bigvee P_{ij} \bigvee \cdots \bigvee P_{in}$

前束范式：τx_1，$\cdots$，τx_m（$C_1 \bigwedge C_2 \bigwedge \cdots \bigwedge C_i \bigwedge \cdots \bigwedge Q_m$），$\tau$ 为 ∀ 或 ∃

12. 2. 3　谓词逻辑表达式的等价变形

通过等价变形，任意的谓词逻辑表达式均能转换为前束范式。除了命题逻辑范围内的等价变形，还有考虑到量词的变形（见图 12-2、图 12-3）。通过此过程，依据式（12-2）将量词仅置换为∀就是"斯科伦化（Skolemization）"，最终量词仅为∀，即可省略。

斯科伦函数：$\forall X_1$，$\cdots$，$\forall X_m$，$\exists Y P(X_1$，$\cdots$，X_m，$Y))$ 时，

置换为 $Y = f(X_1$，$\cdots$，$X_m)$

斯科伦范式：可变形为

$$\forall X_1, \cdots, \forall X_m P(X_1, \cdots, X_m, f(X_1, \cdots, X_m)) \qquad (12\text{-}2)$$

即，可移除∃Y。

$\sim \forall X\, P(X) \equiv \exists X\,(\sim P(X))$

$\sim \exists X\, P(X) \equiv \forall X\,(\sim P(X))$

$\forall X(P(X) \wedge R) \equiv \forall X(P(X)) \wedge R$

$\forall X(P(X) \vee R) \equiv \forall X(P(X)) \vee R$

$\exists X(P(X) \wedge R) \equiv \exists X(P(X)) \wedge R$

$\exists X(P(X) \vee R) \equiv \exists X(P(X)) \vee R$

$\forall X(P(X) \wedge Q(X)) \equiv \forall X(P(X)) \wedge \forall X(Q(X))$

$\exists X(P(X) \vee Q(X)) \equiv \exists X(P(X)) \vee \exists X(Q(X))$

注：X为变量，P、Q是包含X为项的谓词逻辑表达式，P是不包含X为项的谓词逻辑表达式。

图 12-2　含量词的等价变形

①移除等级及含义

②量词之前的否定移至后方

③谓词逻辑表达式转换为子句形式

④斯科伦化(移除"$\exists$")

⑤所有量词移至谓词逻辑表达式的前方

⑥谓词逻辑表达式转换为前束范式

⑦省略量词

图 12-3　前束范式的转换步骤

例 1：

$\forall X(P(X) \rightarrow (Q(X) \wedge \exists Y \sim R(X,Y)))$

$\equiv \forall X(\sim P(X) \vee (Q(X) \wedge \exists Y \sim R(X,Y)))$ ①移动否定

$\equiv \forall X(\sim P(X) \vee (Q(X) \wedge \sim R(X,f(X))))$ ④斯科伦化 $Y=f(X)$

$\equiv \forall X(\sim P(X) \vee Q(X)) \wedge (\sim P(X) \vee \sim R(X,f(X))))$

③依据分配法则转换为子句形式

$\equiv (\sim P(X) \vee Q(X)) \wedge (\sim P(X) \vee \sim R(X,f(X))))$ ⑦省略量词

例 2：

$\forall X(\text{human}(X) \rightarrow \exists Y\, \text{mother}(X,Y))$　人肯定有母亲

$\equiv \forall X(\sim \text{human}(X) \vee \exists Y\, \text{mother}(X,Y))$ ①移除含义

$\equiv \forall X(\sim \text{human}(X) \vee \text{mother}(X,f(X)))$ ④斯科伦比 $Y=f(X)$

$\equiv \sim \text{human}(X) \vee \text{mother}(X,f(X))$　⑦省略量词

例 3：（与例 1 相同）

$\forall X(\text{bird}(X) \rightarrow (\text{wing}(X) \wedge \exists Y \sim \text{fly}(X,Y)))$ 有的鸟即使长

着翅膀也不会

飞…（a）

$$\equiv \forall X(\sim\text{bird}(X)\lor(\text{wing}(X)\land\exists Y\sim\text{fly}(X,Y)))\ \text{①移除含义}$$

$$\equiv \forall X(\sim\text{bird}(X)\lor(\text{wing}(X)\land\sim\text{fly}(X,f(X))))\text{④斯科伦化}\ Y=f(X)$$

$$\equiv \forall X(\sim\text{bird}(X)\lor\text{wing}(X))\land(\sim\text{bird}(X)\lor\sim\text{fly}(X,f(X)))$$

③分配律

$$\equiv(\sim\text{bird}(X)\lor\text{wing}(X))\land(\sim\text{bird}(X)\lor\sim\text{fly}(X,f(X)))$$

⑦省略量词符号

（不是鸟或有翅膀）且（不是鸟或不会飞）…（b）

如果 X 不是鸟，无论是否有翅膀或是否会飞，$T\land T\equiv T$…（c）

如果 X 是鸟，（有翅膀）$\land$（不会飞）…（d）

条件（a）可转换为标准型（b），直接含义为条件（c）或条件（d），所以与（a）相同。

12.2.4　导出原理

含量词的子句形式仅为全称量词（可省略），剩余的子句形式中所含的子句集合称为子句集。子句集中，包含相互矛盾字面量（P 和 $\sim P$）的成对子句。此时，可通过移除相互矛盾的字面量来构建一个新子句，这被称为导出原则（Resolution Principle），见式（12-3）。

$$子句集\ \ulcorner=\{C_1,\cdots,C_n\}$$

$$C_i=P\lor Q、C_j=\sim P\lor R\ 时,C_k=Q\lor R \tag{12-3}$$

$$但是,1\leqslant i,j\leqslant n、k>n$$

通过重复导出，可从子句集中移除相互矛盾的子句。如果最终成为一个不含子句的空子句，则原子句集无法补充。即，无论如何设定变量，式子整体也无法为真。

这种思路就是 Prolog 的理论基础。为了证明谓词逻辑表达式 $\exists XP(X)$，利用反证法制作原式的否定 $\sim(\exists XP(X))$（即 $\forall X(\sim P(X))$），将导出原理适用于 $\sim P(X)$ 和确定子句的子句集，最终显示为空子句，则可证明"$\sim P(X)$ 错误"，即"$P(X)$ 正确"。

12.3 Prolog 语言的发展

Prolog 是一种能够直接表达谓词逻辑的计算机语言。但是，不是直接使用谓词逻辑的子句，而是使用限制形式的子句（霍恩子句）。本节中，将对霍恩子句（及导出原理）如何发展成 Prolog 语言的情况进行介绍。

12.3.1 霍恩子句（Horn Clause）

正字面量（不含～）最多的一个子句就是霍恩子句（Horn Clause）[○]。霍恩子句分为 2 种，定义如下。

> **定义 12-5**
> ① $A \vee \sim B_1 \vee \cdots \vee \sim B_n$　正字面量时，替换之后为 $A \vee \sim (B_1 \vee \cdots \vee B_n)$
> ② $\sim B_1 \vee \cdots \vee \sim B_n$　正字面量时，替换之后为 $\sim (B_1 \vee \cdots \vee B_n)$

如上所示，Prolog 中使用稍加限制的逻辑式，这是为了方便规定语言的语法。但是，这不会有损谓词逻辑原有的方便性及可靠性。逻辑式中通常包含多个正字面量和负字面量（带～）。但是，只需使用最多包含一个正字面量的逻辑式就能使语言简洁化，声明表达变得容易。

12.3.2 Prolog 的句法

Prolog 的句法是变形霍恩子句，在末尾加上"．"的形式，分为

○　为什么会想到霍恩子句这种限定的子句？这是由于霍恩子句能够表达各种条件且高效。霍尔子句由霍恩（Alfed Horn，1951）提出。霍恩子句稍有变形，但保留 Prolog 的句法。

268

以下 4 种。可以看到，←的左边由右边定义。

定义 12-6　Prolog 的句法

① $A \leftarrow B_1$，$\cdots$，B_n.　确定子句（Definite Clause）

② $\leftarrow B_1$，$\cdots$，B_n.　目标子句（Goal Clause）

③ $A \leftarrow$.　　　　单位子句（Unit Clause）

④ $\leftarrow$.　　　　　空子句（Empty Clause）

Prolog 的句法可以被理解为霍恩子句的变形，如下所示。

① 通过等价变形将 $A \lor \sim (B_1 \land \cdots \land B_n)$ 转换为 $B_1 \land \cdots \land B_n \rightarrow A$。"$\rightarrow$" 替换为 "$\leftarrow$"，"$\land$" 替换为 "，"，两边互换。

② 同样将 $\square \lor \sim (B_1 \land \cdots \land B_n)$ 等价变形为 $B_1 \land \cdots \land B_n \rightarrow \square$。类似地变形 $\leftarrow B_1$，$\cdots$，B_n（$\square$省略）。

③ 当没有 B_i 时，为①的特别形式。

④ 当没有 A 或 B_i 时，为②的特别形式。

12.3.3　SLD 导出（Selective Linear resolution for Definite clause）

程序 P 存在时，从目标子句 $\leftarrow P$ 左端的项开始，使用导出原理，依次通过左边的确定子句或单位子句替换相同项，达到空子句之后即结束。此操作是将目标子句或确定子句的右边的项视为左边确定子句的调用，这就是 SLD 导出（见图 12-4）。

如果导出空子句，原目标子句无法补充。目标子句 $\leftarrow P$ 为 $\sim P$，$\sim P$ 错误，即 P 正确，程序成功执行。

图 12-5 所示为 2 个参数结合而成的 append 的 Prolog 程序。与普通语言的印象大为不同，但充分表现 Prolog 的特点。①为单位子句，②为确定子句，"?" 行为目标子句。此例中，存在 2 个目标子句，分别在变量 V 中求取结果。

Prolog的SLD导出

目标子句中出现P之后，可依据P的定义进行替换，或者先执行定义部分的D。如此一来，与计算机语言的函数调用相同。但是，实际如右图所示调出，最下行的$D \wedge C \rightarrow \square$还原为Prolog，则有$\leftarrow D,C$。

以谓词逻辑编写

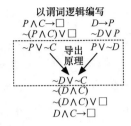

图 12-4　SLD 导出

谓词定义	注) 标记方法上，"：-"表示确定子句的

谓词定义
append([ ],X,X). …①
append([W｜X],Y,[W｜Z]) : -append(X,Y,Z).…②

执行
? append([a,b],[c],V) ⇒ V= [a,b,c]
? append([a,b],V,[a,b,c]) ⇒ V=[c]

注) 标记方法上，"：-"表示确定子句的"←"，"?"表示目标子句的"←"。
[a|X]为表(项的排列)，a为首个元素，[X]为表的剩余部分。
由于append是嵌入式谓词，因此在实际检查操作时可以直接在没有定义的情况下执行。如果要确认定义，请更改名称并输入。

图 12-5　append 的定义及执行

12.3.4　合一（Unification）

Prolog 的执行依据导出原理。但是，图 12-4 所示的导出过程中，目标子句的 P 和确定子句的 P 在句法上并不限定为完全相同的符号串。例如，相对于目标子句的常数 a，确定子句对应位置存在变量 X 时，两者为不同符号串。X 和 a 相同，即 X 具体表示 a，则适用导出原理。常数之间及不同谓词之间不适用导出原理。另一方面，如果是变量，则可适用。这种操作就是合一⊖，此处表示为

⊖ 合一（unification）：也指单一化、同一化、统一化。同一、相同的事物。
严格定义如下。
相对于项 t_1 和 t_2，通过正确的代入 θ，使 $t_1\theta$ 和 $t_2\theta$ 为同一符号串则称之为合一。
$t_1 = X$（变量）、$t_2 = a$（常数），由于 $\theta = \{X \rightarrow a\}$，$t_1\theta = a = t_2\theta$ 则可合一。
并且，$t_1 = f(X,a)$、$t_2 = f\{b,Y\}$，由于 $\theta = \{X \rightarrow b, Y \rightarrow a\}$，$t_1\theta = f(b,a) = t_2\theta$ 则可合一。
这个 θ 就是合一子（Unifier）。

(*X*/*a*)。合一是执行 Prolog 的 SLD 导出时的必要操作，由此过程决定变量的值[⊖]。

相对于图 12-5 所示 append 的定义①②，2 个目标子句的 SLD 导出如图 12-6 所示。

```
append ([a,b],V,[a,b,c])
  ↓ ②(a/W,[b]/X,V/Y,[b,c]/Z)
append ([b],V,[b,c])
  ↓ ②(b/W,[ ]/X,V/Y,[c]/Z)
append([ ],V,[c])
  ↓ ①(V/X[c]/X) => V=[c]


append([a,b],[c],V)
  ↓ ②(a/W,[b]/X,[c]/Y,V/[a | Z1])
append ([b],[c],Z1)
  ↓ ②(b/W,[ ]/X,[c]/Y,Z1/[b | Z2])
append ([ ],[c],Z1)
  ↓ ①([c]/X,Z2/X) => Z2=[c], Z1=[b,c], V=[a,b,c]
```

图 12-6　append 的 SLD 导出

12.3.5　回溯（Backtrack）

Prolog 的 SLD 导出通过合一推进，但达到空子句之前，可导出的子句消失时则失败。这是由于中途可能错误选择合一，需要修改。即，含左边的确定子句有多个时，无法确定执行哪个确定子句和合一才是正确的。所以，先选择某一确定子包执行，遇到失败则

⊖ 合一与其他计算机语言所指的代入有所不同，所以变量决定之后则无法更改。谓词逻辑中，为了在大多数逻辑阶段实现各谓词的句法统一性，需要合一。

返回，再执行其他的确定子句和合一。这就是回溯[⊖]。

观察以下事例。通过 Q2 可知，错误选择确定子句之后回溯的状态。

friend(X,Y)：-love(X,Y).　　①X 喜欢 Y，则 X 和 Y 是朋友（确定子句）

friend(X,Z)：-love(X,Y)，friend(Y,Z).　　②X 喜欢 Y，Y 和 Z 是朋友，则 X 和 Z 也是朋友（确定子句）

love$($boy,girl$)$.　　③少年喜欢少女（单位子句）

love$($girl,cat$)$.　　④少女喜欢猫（单位子句）

? love$($girl,$X)$.　　Q1：少女喜欢谁？（目标子句）

$X=$cat　　④（$X/$cat）可顺利合一

? friend$($boy,cat$)$.　　Q2：少年和猫是朋友？（目标子句）

↓　　①（boy$/X$，cat$/Y$）

love$($boy,cat$)$.　　没有一致的单位子句而导致失败，①适用错误。回溯之后，②适用。

love$($boy,$Y)$，friend$(Y,$cat$)$　　②（boy$/X$，cat$/Z$）

↓　　③（$Y/$girl）

love$($boy,girl$)$，friend$($girl,cat$)$.

↓　　④

love$($girl,cat$)$.

yes　　　　　　　　成功

图 12-7 所示为通过 Windows 上的 GNU Prolog 进行回溯的实际状态。此处，展示了具有阻止回溯的功能，即阻断（Cut）。

⊖　回溯（Backtrack）：是指后退、撤销、回收等意思。

谓词 friend2 的第 1 行含阻断，与 Friend 呈现不同状态。

D:/friend.txt的内容

```
friend(X,Y):-love(X,Y).
friend(X,Z):-love(X,Y),friend(Y,Z).

love(boy,girl).
love(girl,cat).

friend2(X,Y):-!,love(X,Y).
friend2(X,Z):-love(X,Y),friend2(Y,Z).
```

GNU Prolog执行

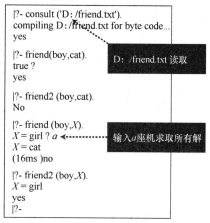

```
|?- consult ('D : /friend.txt').
compiling D : /friend.txt for byte code...
yes

|?- friend(boy,cat).
true ?
yes

|?- friend2 (boy,cat).
No

|?- friend (boy,X).
X = girl ? a
X = cat
(16ms )no

|?- friend2 (boy,X).
X = girl
yes
|?-
```

D: /friend.txt 读取

输入 *a* 座机求取所有解

· friend2的第1行的"!"表示阻断。
· 通过consult从文件中读取程序。
· friend执行过程中进行回溯。
· friend2执行过程中包含阻断，所以不回溯。

图 12-7　回溯和阻断

12.4　Prolog 语言

DEC-10 PROLOG 之后，研发人员又制作出许多 Prolog 系统，1995 年以 ISO PROLOG 形成标准化⊖。作为声明并列性高的优秀语言，可作为新一代计算机技术研究所（简称：ICOT）的研究基础。但是，普通用户容易理解进程型表达，所以商业用途较少。但是，与 Lisp 一样在特殊领域有所应用，特别在需要知识表示等声明表达的情况下，今后会继续使用⊖。

本节主要介绍 Prolog 的语言规范。Prolog 的句法如上一节所述，作为谓词逻辑的霍恩子句的变形，通过 SLD 导出执行。谓词声明定义，可直接表达事物的关系，变量可在任何位置。考虑之前出现的 append，即使程序的定义相同，执行过程中变量 V 在任何位置均能求得答案。但是，通常的进程型语言无法实现。

语言规范中，规定了数据及谓词的表达形式、谓词的定义方法、已定义谓词的翻译方法、事先准备的内置谓词、操作符等。

1. DEC-10 PROLOG

Prolog 的基本语言规范是由 DEC-10 PROLOG 制定的。

数据称之为项（Term），由常数、变量、复合项组成。复合项由函子（Functor）及其自变量（Argument）组成，可表达复杂数据

⊖　1995 ISO PROLOG Part I（ISO/IEC 13211-1）。
　　2000 ISO PROLOG Part II（ISO/IEC 13211-2）。
　　2001 JIS PROLOG（JIS X 3013：2001）。
⊖　IBM Watson 的知识库通过 Prolog 表达。

结构。表（List）也是复合项，是函子在特别情况下的简易表达法[一]。例如，love（i，you）这个数据就是以 love 为函子的复合项。并且，[a，b，c]、[[1，2]，[10，20]]、"ABC"等数据为表。矩阵通过表的嵌套表达。"ABC"为字母的表。

程序为谓词的集，进行谓词定义就是编程。内置谓词以执行控制、谓词操作为主，具有谓词定义的文件输入、动态定义、翻译、复合项的合成及分解等功能。算式使用 2 项操作符，可按普通的算式或逻辑式表达，但操作符包含严格的优先级、关联性规定[二]。

执行控制相关重要功能包括阻断（Cut）。此功能是为了防止无限制的回溯，通过阻断之前已经不回溯，即必要时将所有执行视为失败的结构。

2. ISO PROLOG

PROLOG 的 ISO 标准化依据以下 3 个阶段进行分析。

第 1 阶段：从 DEC-10 PROLOG 中除去翻译（Compile）及 DCG[三]

[一] 由于与 Lisp 中符号表达式的点分记号法及表记号法的类似性，表可视为操作符"."的特别记号法。即，表 [a，b，c] 为复合项，同 (a，.(b，.(C，[])))。[] 表示空表。

[二] Prolong 基于谓词逻辑表达式，如果仅列出算式，进行合一，但不运算。为了进行运算，使用 is 操作符。例如，"A = 5+10"则不进行运算，"A is 5+10"则 A = 15，其次，Prolog 的操作符包括单项及 2 项，单项中包括前置（prefix）及后置（postfix），所以不仅是常规的操作符之间的优先顺序，还包括关联性等严密规定。操作符为 f，无关联性为 x，有关联性为 y，无关联性的单项操作符为 fx（前置）、xf（后置），2 项操作符为 xfx，有关联性的单项操作符为 fy（前置）、yf（后置），2 项操作符为 xfy（右关联）、yfx（左关联）。

[三] 定子句语法（Definite Clause Grammar）：Prolog 最初设计用于机器翻译，包含能够轻松表达单词翻译及语句生成规则的特殊表达法。但是，不是谓词的直接表达，而是语法糖（Syntax sugar），所以区别于语言的标准化。如果使用 DCG，能够轻松完成单次的直接替换。例如：输入? -statement（tran，[flower，is，plant]）之后，反馈 Tran=[花，是，植物]，依据 DCG 规定的语法，表达 statement 及单词之间的关系。

的基本部分。

第 2 阶段：模块化（Module）。[○]

第 3 阶段：广义变量、矩阵、DCG。

经过艰难审议，第 1 阶段的 DEC-10 PROLOG 基本部分加入错误处理（catch/throw）之后形成标准化，其次为了处理大规模实用程序，将相当于名称空间的模块化作为第 2 阶段形成标准化。之后，DEC-10 PROLOG 的 DCG 经过修改，且其他计算机语言中常用的广义变量等也经过审议，但未形成标准化[○]。

○ 模块化：相当于语言的名称空间（Name Space）。即，大规模开发过程中多人分工开发时，为了避免名称冲突，使用模块化声明名称空间。

○ 常规语言依据变量代入的概念，可自然定义广义变量。但是，Prolog 的合一与代入不同，难以定义概念。即使 DCG 不按照目前的方法进行机器翻译，也可作为应用程序库，最适合用于研究或学习。

12.5 Prolog 处理系统

DEC10-PROLOG 之后制作出许多 Prolog 处理系统，目前仍有几种还在使用。此处，对 Prolog 处理系统的主要结构进行说明。

12.5.1 Prolog 处理系统的基本结构

Prolog 处理系统的基本结构由 DEC-10 PROLOG 组成，如下所示。

1. 解析器（Resolver）

程序以谓词形式表达，内存读取之后执行解释。因此，解释器称之为解析器。执行并不按照写入顺序，而是依据 SLD 导出进行。解析器的基本工作就是合一及回溯。

2. 编译器

将已定义谓词从项的形式转化为二进制代码，即以谓词单位进行翻译，解析器将其调出即可，所以执行速度显著提升。但是，与常规的编译器语言不同，始终是在解析器的支配下运行。也可翻译只完成部分的函数，同表状态的函数混合使用。

全部翻译时除了最初启动解析器的过程，基本与编译器语言的二进制代码相同高速度。

编译器也是依据 DEC-10 PROLOG 制作原型，设计出中间语言 WAM。关于 WAM，另行说明。此外，近年来出现不需要解析器的独立型二进制输出，同常规编译器一样使用。

○ 主要处理系统包括 Quintus Prolog（SICStus Prolog）、SWI Prolog、GNU PROLOG 等，可在 Windows、Linux、Mac OS 中使用。ISO Prolog 均能关联 Global 变量、DCG、独立二进制输出编译器、C 语言等，实现功能强化。

3. 栈及内存管理

为了进行 SLD 导出，Prolog 进行特殊栈控制。普通栈用于存储执行状态，一个即可。但是，Prolog 除了存储 SLD 导出状态的常规栈，还需要使用迅速回溯的特殊栈[⊖]。

同 Lisp 一样，谓词也可以通过程序合成，所以程序也设置于堆区域中。但是，Prolog 中，数据和程序通常分开管理。

12.5.2　Prolog 机

Lisp 处理系统最初安装于通用计算机上。但是，为了实现更高速化，依据以下思路，在 20 世纪 80 年代制作了许多 Lisp 专用机（包括商用机）[⊖]。

1）满足 SLD 导出的多个专用硬件栈。

2）检查变量绑定状态的硬件标签。

3）高效存储谓词定义。

4）解析器和主要内置谓词的固件化。

5）WAM 的硬件命令化。

从高速化的观点考虑，Prolog 机目前使用普通 CPU 即可。但是，通过编译器设计的 WAN 中间语言（抽象指令）直接成为硬件

⊖ Prolog 处理系统通常具有多个功能专用的栈。存储回溯重启点的栈称之为跟踪栈（Trail Stack），跟随记忆新谓词相应的地址。因此，回溯时通常能够从追踪栈开始恢复环境。

⊖ 主要 Prolog 机如下所示。

・PLM（加州大学伯克利分校）：WAM 等级的并行流程指令。

・PEK（神户大学）：通过微程序解释执行 WAM 代码。

・PIM（ICOT）：标签、管线等，三菱电机、富士通、日立、冲电气各公司的合作。

・GHC（ICOT）（Guarded Horn Clause）：PIM 上运行的处理系统语言规范。

指令，所以这种思路具有极其有用的启示[○]。

12. 5. 3　WAM（Warren's Abstract Machine）

Prolog 的程序为声明式表达，从其他程序语言的惯用思路考虑是难以理解的。但是，从处理系统的立场考虑，显得非常规整。相对于目标子句，搜索可适用合一的确定子句或单位子句的同时，还可通过一系列基本操作的组合，推动 SLD 导出。

依据上述思路系统化形成的虚拟机称之为"WAM（David Warren，1983）"，取名自设计者。各基本操作称为"抽象命令"，并非假设特定的计算机，而是依据 Prolog 程序执行过程中的必须操作形成系统化。因此，之后的 Prolog 处理系统均采用 WAM 作为内部的中间表示法，实现 WAM 及以下内容作为特定计算机配置的程序库。其次，如果将 WAM 固件化，高速的 Prolog 专用机器也能实现。

对应 Prolog 处理系统的基本操作，抽象命令分为以下七类。

1) put：将子句的参数设定于寄存器中。

2) get：从寄存器中取出参数，准备合一。

3) unify：根据结构体参数的条件，进行合一。

4) switch：通过参数的模型（通常为第 1 参数），搜索候补子句。

5) try/retry/trust：置于候补子句的前端，依据先后顺序表示回溯点。

○ 中间语言的硬件化思路：例如 Java 字节码专用机能够实现高速 Java 环境，LLVM IR 专用机能够在 LLVM 上高速执行所有语言。

　·字节码（Bytecode）：Java 的内部中间代码，机器依存部分可吸收于处理字节码的 Java 设想机器中。

　·LLVM IR：由伊利诺伊州立大学设计的语言处理系统的基础。IR（Intermediate Representation）为所有语言的中间表示，机器依存部分可吸收于处理 IR 的部分（编译术语为回溯）。

6）proceed/execute/call：组合子句，环境完备之后控制权转换至候补子句。

7）allocate/deallocate：对变量的栈实施分配和释放。

在抽象命令等级中，依据以下顺序执行 Prolog 的程序（见图 12-8）。

① 通过"put/unify"将实际参数设定于寄存器中。

② 通过"call"调出候补子句。

③ 通过"switch"决定候补子句。

④ 通过"get/unify"从寄存器中取出参数，继续合一。

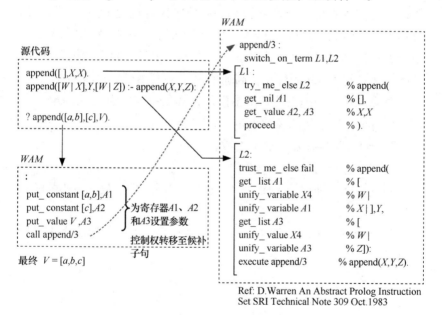

图 12-8　WAM 的执行顺序

附　　录

附录 A　术语

神经网络

感知机（Rosenblatt，1958）

霍普菲尔德网络（Hopfield，1982）

玻尔兹曼机（Hinton，1985）

误差逆传播算法（Rumelhart，1986）

自编码器（Hinton，2006）

模糊理论（Zadeh，1965）

模糊逻辑（Mamdani，1975）

遗传算法（Holland，1975）

学习

概念学习（20 世纪 60 年代）

版本空间（Mitchell，1982）

Q 学习（Watkins，1989）

知识表示

语义网（Collins & Quillian，1968）

产生式系统（Newell，1969）

框架模型（Minsky，1975）

专家系统

DENDRAL（Feigenbaum，1965）

MACSYMA（Moses，1968）

MYCIN（Stanford Univ. 1972）

EMYCIN（Stanford Univ. 1980）

Lisp

λ 运算（Church，20 世纪 30 年代）

Lisp1.5（McCarthy，1962）

Common Lisp（ANSI 1990）

ISLISP（ISO 1997）

Prolog

DEC10-Prolog（Kowalski & Warren，1974）

WAM（Warren，1983）

ISO Prolog Part1（ISO 1995）

ISO Prolog Part2（ISO 2000）

附录 B　理解本书所需数学知识

1. 数列、矢量、矩阵

数列：数字排列　a_1，a_2，a_3，$\cdots$，a_i，$\cdots$，a_n，写为 $\{a_i\}$（$1 \le i \le n$）。n 无限时为无限数列。

例如自然数列、偶数列等。

数列之和：$a_1+a_2+a_3+\cdots+a_i+\cdots+a_n$，写为 $\sum\limits_{i=0}^{n} a_i$。$\sum$ 是希腊字母（sigma），$\sum$ 的下侧标为初始值，上侧标为最终值。下标的范围已知时，可简写为 $\sum i$。

矢量（Vector）：表示多维空间中具有方向及大小的某种量的概念，写为 $V=(a_1$，a_2，a_3，$\cdots$，a_i，$\cdots$，$a_n)$（$1 \le i \le n$）。但是，a_i 表示第 i 维度的成分（条件）$V[i]$。

注：1）如 $V=[a_1$，a_2，a_3，$\cdots$，a_i，$\cdots$，$a_n]$ 所示，也有 [ ] 括起的情况，是指 n 次方矢量。

2）只有大小，没有方向的量（数值）称之为标量（Scalar）。

例如，1 维矢量 $V1=(10)$，2 维矢量 $V2=(10$，$20)$，3 维矢量 $V3=(10$，20，$30)$，数量 $S0=10$。

矩阵（Matrix）：横竖排列的数字或 n 维度矢量排 m 列，形成 m 行 n 列的矩阵。

注：1）m 行 n 列的矩阵称之为 $m \times n$ 矩阵。A_{ij} 表示 A 的元素，i 为行数，j 为列数。n 维度矢量视为 $1 \times n$ 矩阵时称之为行矢量（横矢量），视为 $n \times 1$ 矩阵时称之为列矢量（竖矢量）。

2）计算机语言中 $n_1 \times n_1 \times \cdots \times n_r$ 的矩阵称之为 r 维度矩阵，数学中"维度数为 r 个"。

$$A = \begin{pmatrix} a_{11} & a_{12} & \cdots & a_{1n} \\ a_{21} & a_{22} & \cdots & a_{2n} \\ \vdots & \vdots & & \vdots \\ a_{m1} & a_{m2} & \cdots & a_{mn} \end{pmatrix}$$

2. 矢量（Vector）和矩阵（Matrix）的和及积

矢量的和

$X = [\,x_1, x_2, \cdots, x_n\,]$，$Y = [\,y_1, y_2, \cdots, y_n\,]$ 时，

$X + Y = [\,x_1 + y_1, x_2 + y_2, \cdots, x_n + y_n\,]$（各元素的和）。

矢量的内积（Inner Product）

$X \cdot Y = x_1 y_1 + x_2 y_2 + \cdots + x_n y_n$

$$= \sum_{i=0}^{n} x_i y_i \text{（各元素的积之和）}$$

参考：高中数学中矢量的内积定义为：$|X|\,|Y|\cos\theta$

（$|X|$、$|Y|$ 分别表示矢量 X、Y 的大小；θ 表示 X、Y 构成的角度）。

上述内容相当于成分表达。

矢量的直积（Direct Product）

$$X \times Y = \begin{pmatrix} x_1 y_1 & x_1 y_2 & \cdots & x_1 y_n \\ x_2 y_1 & x_2 y_2 & \cdots & x_2 y_n \\ \vdots & \vdots & & \vdots \\ x_m y_1 & x_m y_2 & \cdots & x_m y_n \end{pmatrix}$$

行列

矩阵的和（$m \times n$ 矩阵的各对应元素的和作为新元素的 $m \times n$ 矩阵）

$$A + B = \begin{pmatrix} a_{11} + b_{11} & \cdots & a_{1j} + b_{1j} & \cdots & a_{1n} + b_{1n} \\ \vdots & & \vdots & & \vdots \\ a_{i1} + b_{i1} & \cdots & a_{ij} + b_{ij} & \cdots & a_{in} + b_{in} \\ \vdots & & \vdots & & \vdots \\ a_{m1} + b_{m1} & \cdots & a_{mj} + b_{mj} & \cdots & a_{mn} + b_{mn} \end{pmatrix}$$

矩阵的积（$m \times n$ 矩阵和 $n \times l$ 矩阵的积和条件下的 $m \times l$ 矩阵）

$$AC = \begin{pmatrix} \Sigma_j a_{1j}c_{j1} \cdots & \Sigma_j a_{1j}c_{jk} \cdots & \Sigma_j a_{1j}c_{jl} \\ \vdots & \vdots & \vdots \\ \Sigma_j a_{ij}c_{j1} \cdots & \Sigma_j a_{ij}c_{jk} \cdots & \Sigma_j a_{ij}c_{jl} \\ \vdots & \vdots & \vdots \\ \Sigma_j a_{mj}c_{j1} \cdots & \Sigma_j a_{mj}c_{jk} \cdots & \Sigma_j a_{mj}c_{jl} \end{pmatrix}$$

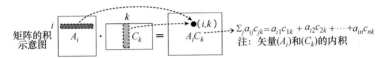

矩阵的积示意图 $A_i \cdot C_k = A_iC_k$ (i,k)

$\Sigma_j a_{ij}c_{jk} = a_{i1}c_{1k} + a_{i2}c_{2k} + \cdots + a_{in}c_{nk}$

注：矢量(A_l)和(C_k)的内积

3. 矩阵的操作（矢量条件下作为纵矢量或横矢量）

转置(Transpose)

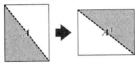

$$A = \begin{pmatrix} a_{11} & a_{12} & \cdots & a_{1n} \\ a_{21} & a_{22} & \cdots & a_{2n} \\ \vdots & \vdots & & \vdots \\ a_{m1} & a_{m2} & \cdots & a_{mn} \end{pmatrix}$$

$$A^T = \begin{pmatrix} a_{11} & a_{21} & \cdots & a_{m1} \\ a_{12} & a_{22} & \cdots & a_{m2} \\ \vdots & \vdots & & \vdots \\ a_{1n} & a_{2n} & \cdots & a_{mn} \end{pmatrix}$$

$$X = \begin{pmatrix} x_1 & x_2 & \cdots & x_n \end{pmatrix} \quad X^T = \begin{pmatrix} x_1 \\ x_2 \\ \vdots \\ x_n \end{pmatrix}$$

方阵(Square Matrix)

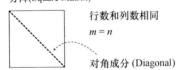

行数和列数相同
$m = n$

对角成分 (Diagonal)

三角矩阵(Triangular Matrix)

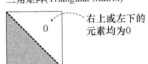

右上或左下的元素均为0

对称矩阵(Symmetric Matrix)

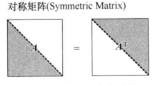

$A = A^T$

※感知机的加权学习(矩阵的积)

285

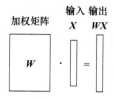

注：输入视为纵矢量　　　　　　　　注：输入视为多个纵矢量

※霍普菲尔德神经网络的加权
矩阵(矢量的直积)

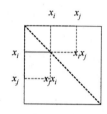

4. 集合（Set）

$A = \{x \mid x$ 的条件$\}$　　　例如，$A = \{x \mid x$ 为偶数$\}$。

$x \in A$：x 为 A 的元素（Element），例如，$4 \in A$。

$x \notin A$：x 不是 A 的元素，例如，$5 \notin A$。

$A \subseteq B$：A 为 B 的部分集（Subset），A 的元素始终为 B 的元素，且允许 $A = B$。

$A \subset B$：A 为 B 的真部分集，A 的元素始终为 B 的元素，$A \neq B$。例如，$B = \{y \mid y$ 为 4 的倍数$\}$ 时，$B \subset A$。

$\varnothing$：空集（无元素的集）

[集合的种类和示例]

条　件	有　　　限	无　　　限
离散型（可算）	100 以下的自然数	所有自然数
连续型（不可算）	0~1 的实数	所有实数

集合运算

$A \cup B = \{x \in A \text{ or } x \in B\}$：和集（Union）

$A \cap B = \{x \in A \text{ and } x \in B\}$：积集、共通部分（Intersection）

$A-B=\{x\in A \text{ and } x\notin B\}$：差集（Difference）

$\sim A=\{x\notin A\}$：补集（Complement）

$\sim(\sim A)=A$：双重否定（Double Negation）

$A\cap\sim A=\phi$：矛盾律（Law of Contradiction）

$A\cup\sim A=$全体：排中律（Law of Excluded Middle）

$A\cup B=B\cup A$　$A\cap B=B\cap A$：交换律（Commutative Law）

$A\cup(B\cup C)=(A\cup B)\cup C$　$A\cap(B\cap C)=(A\cap B)\cap C$：结合律（Associative Law）

$A\cup(B\cap C)=(A\cup B)\cap(A\cup C)$　$A\cap(B\cup C)=(A\cap B)\cup(A\cap C)$：分配律（Distributive Law）

$\sim(A\cup B)=(\sim A)\cap(\sim B)$　$\sim(A\cap B)=(\sim A)\cup(\sim B)$：德·摩根定律（De Morgan's Law）

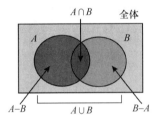

5. 测度（Measure）

考虑某个集的部分集。

例如，对于 100 以下的自然数，$A=\{$偶数$\}$ 或 $B=\{4$ 的倍数$\}$。

测度：表示部分集大小的数值，集合 A 的测度 $m(A)\geqslant 0$，$m(A)>m(B)$。

测度的可加性：

$m(A)+m(B)=m(A\cup B)+m(A\cap B)$

$m(A\cup B)=m(A)+m(B)-m(A\cap B)$

$m(\varnothing)=0, m(\sim A)=m(\text{all})-m(A)$

$A \cap B = \varnothing$时，$m(A \cup B) = m(A) + m(B)$

概率（Probability Measure）

$0 \leqslant m(A) \leqslant 1$。

$m(\varnothing) = 0, m(\text{all}) = 1$

可加性维持。

模糊测度（Fuzzy Measure）

$m(\varnothing) = 0, m(\text{all}) = 1$

无可加性，仅单调性。

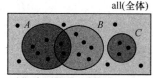

all(全体)

$m(A) = 6, m(B) = 7, m(C) = 3$
$m(A \cup B) = 11, m(A \cap B) = 2$
$m(A) + m(B) = m(A \cup B) + m(A \cap B) = 13$
$m(A \cup C) = m(A) + m(C) = 9$
$m(\sim A) = m(\text{all}) - m(A) = 20 - 6 = 14$

［测度的示例］

1）可算有限集的测度为集合中的元素数量。

2）非可算有限集的测度为长度、面积、体积。

3）模糊测度为隶属函数的积分。

注：集合也有浓度（Cardinality）的概念。可算有限集中浓度和测度可以是相同值，但非可算集及可算无限集则不同。例如，自然数整体（可算无限集）的浓度表达为 ℵ₀（Aleph0），但测度无法定义（∞）。并且，康托集（非可算有限集）的浓度与实数整体（非可算无限集）的浓度 ℵ（Aleph）相同，但测度为 0。

6. 排列（Permutation）和组合（Combination）

阶乘（Factorial）：整数 $n (\geqslant 0)$

$n! = n \times (n-1) \times \cdots \times 2 \times 1$ ，但是 $0! = 1$

n 个排列方法为 $n!$ 种，首位为 n 种，第 2 位为（$n-1$）种…，最后剩下 1 种，即乘法运算。

从 n 个取 r 个（$r \leqslant n$）时？

排列：r 个排列方法 $n\mathrm{P}_r = n!/(n-r)!$

首位 n 种，第 2 位（$n-1$）种，…，第 r 位（$n-r+1$）种，

$n \times (n-1) \times \cdots \times (n-r+1) = n!/(n-r)!$，

$r = n$ 时，$n\mathrm{P}_n = n!$

组合：r 个选择 $n\mathrm{C}_r = n\mathrm{P}_r/r! = n!/(n-r)!r!$

排列包括 $r!$ 种重复，重复部分需要除掉。

注：还有允许重复的发展型，但其他类型的组合基本不允许重复。

5个取3个的排列方法：

①②③④⑤

```
123 124 125 134 135 145 234 235 245 345
132 142 152 143 153 154 243 253 254 354
213 214 215 314 315 415 324 325 425 435
231 241 251 341 351 451 342 352 452 453
312 412 512 413 513 514 423 523 524 534
321 421 521 431 531 541 432 532 542 543
```

$_5\mathrm{P}_3 = 5 \times 4 \times 3 = 5!/(5-3)! = 60$

5个取3个的组合方法：

①②③④⑤

```
123 124 125 134 135
145 234 235 245 345
```

$_5\mathrm{C}_3 = {}_5\mathrm{P}_3/(5-3)! = 5!/(3!2!) = 10$

注：1. A 和 B 不相邻的排列、取 10 个基石时的组合等各种发展型。

2. 组合最优化问题应用 TSP→排列，KP→组合。

参 考 文 献

1. 萩原将文『ニューロ・ファジィ・遺伝的アルゴリズム』産業図書 1994

2. 菅原研次『人工知能』森北出版 1997

3. J. デイホフ（桂井浩訳）『ニューラルネットワークアーキテクチャ入門』
   森北出版 1992

4. 田中一男『応用をめざす人のためのファジィ理論入門』ラッセル社 1991

5. 北野宏明編『遺伝的アルゴリズム 1』産業図書 1993

6. 北野宏明編『遺伝的アルゴリズム 2』産業図書 1995

7. 北野宏明編『遺伝的アルゴリズム 3』産業図書 1997

8. 荒屋真二『人工知能概論』共立出版 2004

9. J. フィンレー、A. ディックス（新田克己、片上大輔訳）『人工知能入門』
   サイエンス社 2006

10. G. ポリア（柴垣和三訳）『数学における発見はいかになされるか＜第 1 ＞帰納と類比』
    丸善 1959

11. G. ポリア（柴垣和三訳）『数学における発見はいかになされるか＜第 2 ＞発見的推論
    そのパターン』丸善 1959

12. 山田誠二著、日本認知科学会編『適応エージェント』共立出版 1997

13. 西田豊明『人工知能の基礎』丸善 2002

14. 沼岡千里、大沢英一、長尾確『マルチエージェントシステム』共立出版 1998

15. 井田哲雄、浜名誠『計算モデル論入門』サイエンス社 2006

16. J. McCarthy, J., et al.(1962) *Lisp 1.5 Programmer's Manual.* Cambridge: M.I.T.
    Press

17. ISLisp http://islisp.org/index-jp.html

18. D.L. Bowen (editor), L. Byrd, F.C.N. Pereira, L.M. Pereira, D.H.D. Warren.(1982).
    DECsystem-10 Prolog User's Manual. Edinburgh: University of Edinburgh

19. W.F.Clocksin, C.S.Mellish（中村克彦訳、日本コンピュータ協会編）
    『Prolog プログラミング』マイクロソフトウェア 1983

20. 柴山潔『並列記号処理』コロナ社 1991

21. 松尾豊『人工知能は人間を超えるか』KADOKAWA 2015

22. 人工知能学会監修『深層学習』近代科学社　2015

はじめての人工知能 増補改訂版 Excelで体験しながら学ぶAI
（Hajimete no Jinkouchinou Zouhokaiteiban：5920-1）

© 2019 Noboru Asai

Original Japanese edition published by SHOEISHA Co., Ltd.
Simplified Chinese Character translation rights arranged with SHOEISHA Co., Ltd.
in care of TUTTLE-MORI AGENCY, INC. through Shinwon Agency Co.
Simplified Chinese Character translation copyright ©2022 by China Machine Press.
本书由日本翔泳社株式会社授权机械工业出版社在中国大陆地区（不
包括香港、澳门特别行政区及台湾地区）销售。未经许可之出口，视为违
反著作权法，将受法律之制裁。

北京市版权局著作权合同登记　图字：01-2020-3799 号。

图书在版编目（CIP）数据

开启人工智能之门：运用 Excel 体验学 AI：原书第 2 版/（日）
浅井登著；普磊译. —北京：机械工业出版社，2021. 12
（人工智能系列）
ISBN 978-7-111-69661-2

Ⅰ. ①开…　Ⅱ. ①浅…　②普…　Ⅲ. ①表处理软件　Ⅳ. ①TP391. 13

中国版本图书馆 CIP 数据核字（2021）第 244726 号

机械工业出版社（北京市百万庄大街 22 号　邮政编码 100037）
策划编辑：孔　劲　责任编辑：孔　劲　王春雨
责任校对：李　杉　封面设计：张　静
责任印制：李　昂
北京圣夫亚美印刷有限公司印刷
2022 年 3 月第 1 版第 1 次印刷
148mm×210mm · 9. 5 印张 · 233 千字
0001—2500 册
标准书号：ISBN 978-7-111-69661-2
定价：69. 00 元

电话服务　　　　　　　　网络服务
客服电话：010-88361066　机　工　官　网：www. cmpbook. com
　　　　　010-88379833　机　工　官　博：weibo. com/cmp1952
　　　　　010-68326294　金　书　网：www. golden-book. com
封底无防伪标均为盗版　　机工教育服务网：www. cmpedu. com